Die Tierwelt der Sächsischen Schweiz

- Wirbeltiere -

Die Tierwelt der Sächsischen Schweiz

- Wirbeltiere -

von

Ulrich Augst und Holm Riebe

Berg- & Naturverlag Rölke

„Die Tierwelt der Sächsischen Schweiz"
152 Seiten, 175 Farbfotografien, 4 Schwarz-Weiß-Fotografien, 15 Verbreitungskarten für 27 Tierarten

Autoren: Ulrich Augst, Sebnitz
Holm Riebe, Waltersdorf-Sellnitz

Fotoautoren (Anzahl der Fotos in Klammern) – Fotoverzeichnis siehe Seiten 146/147:

Dr. Arndt Asperger, Leipzig (12)
Ulrich Augst, Sebnitz (49)
Johannes Ebert, Rathewalde (1)
Gerhard Gründel, Bad Schandau (3)
Dr. Siegfried Klaus, Jena (2)
Götz Manka, Pirna (1)
Uwe Prokoph, Dresden (4)
Friedheim Richter, Großenhain-Zschauitz (17)
Dr. Peter Rölke, Dresden (8)
Kurt Zirnstein (†), Hertigswalde (1)
Klaus Augst, Sebnitz (1)
Sven Büchner, Friedersdorf (1)
Gernot Engler, Gräfenhain (1)
Wolf-Dieter Grünelt, Pirna (9)
Herbert Kühne, Radebeul (1)
Zdeněk Patzelt, Brtníky (ČR) (1)
Peter Reuße, Treugeböhla (6)
Holm Riebe, Waltersdorf-Sellnitz (54)
Dr. Siegfried Schönn, Oschatz (1)

Karten mit Verbreitungsnachweisen:
bearbeitet von Holm Riebe; Quelle der Kartengrundlage: © ANTRIX, SIE, Euromap Neustrelitz, Processing: IÖR

Satz/Layout: Karin Rölke und Dr. Peter Rölke

Autoren und Verlag möchten sich für die umfangreichen Durchsichten und Korrekturen der Manuskripte bei Ingrid und Klaus Augst, Andrea Riebe und Christa Rölke bedanken.

ISBN 3-934514-12-X

Druck: Druckerei Vetters, Radeburg

Inhaltsverzeichnis

Vorwort

„Ganz im Gegensatz zu dem guten Ruf, den das Elbsandsteingebirge weit über die Landesgrenzen hinaus als Erholungsgebiet genießt, ist die Erforschung seiner Tierwelt lange Zeit recht stiefmütterlich behandelt worden. Zwar verbringen alljährlich Tausende erlebnisreiche Urlaubstage auf den Bergen und in den Tälern und erfreuen sich der mannigfaltigen Felsformen und Höhlen der Sächsischen Schweiz, aber nur wenige von ihnen suchen hier auch erwartungsvoll Begegnungen und Erlebnisse mit Tieren, weil die ausgedehnten, wasserarmen Nadelwälder allgemein als arm an Tierarten und zoologischen Besonderheiten gelten. Zu allen Zeiten waren nur wenige Kenner im Gebirge beheimatet. So blieb - wie so oft - auch hier die Kenntnis der Fauna hinter dem Wissen um die Flora zurück." So beginnt 1988 der bekannte Oberlausitzer Ornithologe und Faunist Gerhard Creutz seinen Beitrag zur Geschichte der Erforschung der Tierwelt des Elbsandsteingebirges. Diese begann hier spät und erfuhr nicht die Aufmerksamkeit wie in anderen Landschaften, so zum Beispiel in der Oberlausitz.

Erste historische Nachrichten befassen sich mit Tieren, die in damaliger Zeit eine wirtschaftliche Bedeutung hatten, wie das Wild und die Fische. Oder aber es handelte sich um große Raubsäuger, welche als Nahrungskonkurrenten des Menschen verfolgt und schließlich ausgerottet wurden. So leben Bär und Wolf nur noch in zahlreichen Flurnamen und Gedenksteinen fort.

Eng verbunden mit der Erforschung der Tierwelt des Elbsandsteingebirges sind die Namen verschiedener Persönlichkeiten. Ein fleißiger ornithologischer Beobachter des Winterberggebietes und des Elbtales sowie ein guter Präparator war der Schmilkaer Forstwart E. A. Wünsche (1839-1910). Seine umfangreiche Belegsammlung ist leider nach und nach verlorengegangen. Bemerkenswert sind mehrere vogelkundliche Beiträge in den Jahren 1932 bis 1938 sowie ein Vortrag zur heimischen Tierwelt 1911 des Sebnitzer Lehrers William Stiehler (1867-1944). In den zwanziger und dreißiger Jahren des 20. Jahrhunderts erfolgten dann mehrere ornithologische Publikationen, die erstmals Ergebnisse ökologischer Feldarbeiten zum Inhalt hatten. Als Autoren seien hier stellvertretend Gerhard Creutz, Hans Förster, Richard Heyder, Kurt Kleinstäuber, Robert März und Rudolf Zimmermann genannt.

Als hervorragender Kenner der heimischen Pflanzen- und Tierwelt galt der Papstdorfer Lehrer Hans Förster (1896-1971). Unter dem Titel „Aus der Tierwelt der Sächsisch-Böhmischen Schweiz" dokumentierte er 1938 einen ersten Gesamtüberblick über die Wirbeltiere des Elbsandsteingebirges. Ein ebenso eifriger Faunist und Ornithologe war der Lehrer Robert März (1894-1979). Seine Untersuchungen und Forschungen galten vorwiegend den heimischen Greifvögeln und Eulen und hier besonders ihrer Nahrungsökologie. Das 1957 veröffentlichte Büchlein „Das Tierleben des Elbsandsteingebirges" faßt seine Ergebnisse aus der Feldforschung zusammen. Seit den 1960er Jahren widmete sich Lutz Briedermann (1935-1993) mit hoher Intensität der wissenschaftlichen Erforschung der Gemsen-Population der Sächsischen Schweiz. Die gewonnenen Ergebnisse publizierte er zusammen mit Vaclav Štill in einem umfangreichen Buch „Die Gemse des Elbsandsteingebietes" (1976 und 1984).

Eine 1982 vom Tierkundemuseum Dresden veröffentlichte Zusammenstellung zur Tierwelt besaß mehr allgemeinen Charakter und bezog sich auf bisher bekannt gewordenes Wissen.

Der langjährige Naturschutzbeauftragte und Oberförster Dietrich Graf hat sich in mehreren Arbeiten mit dem historischen und aktuellen Vorkommen verschiedener Tierarten oder aber mit der Einbürgerung von Arten beschäftigt und damit zur faunistischen Geschichte der Sächsischen Schweiz wichtige Beiträge geliefert.

Die in den folgenden Jahren erschienenen Arbeiten waren meist ornithologischen Inhalts und stellen gehaltvolle Einzelpublikationen dar. Die Veröffentlichung von fünf umfangreicheren Beiträgen zur Tierwelt erfolgte 1994 im Heft 2 der Schriftenreihe der Nationalparkverwaltung Sächsische Schweiz. Sie dokumentieren neue Untersuchungsergebnisse zur Biologie und zum Vorkommen von Schwarzstorch, Auerhuhn, Fledermäusen, Fischotter und Luchs.

Das Anliegen der vorliegenden zusammenfassenden Darstellung ist es, einen erneuten Überblick über die Wirbeltierwelt der Sächsischen Schweiz an der Jahrtausendwende zu geben, nachdem die letzte Darstellung nunmehr über 45 Jahre zurückliegt. Vieles hat sich seitdem an der Landschaft verändert, und obwohl in der Sächsischen Schweiz der Natur- und Landschaftsschutz schon immer eine hohe Bedeutung hatte, sind besonders durch die Landnutzung negative Auswirkungen für die Tierwelt entstanden. Dies schlägt sich vielleicht weniger in der Artenanzahl nieder, als vielmehr in der geringeren Häufigkeit verschiedener Arten.

Aber es gibt auch Erfreuliches zu berichten. Würgfalke und Kolkrabe haben sich in der Sächsischen Schweiz eingefunden, der Atlantische Lachs und der Wanderfalke wurden erfolgreich wieder eingebürgert und manches seltene Tier konnte in der Felsenlandschaft überleben.

Die Sächsische Schweiz gilt in Sachsen unbestritten als eine außergewöhnliche und unbedingt schützenswerte Gebirgslandschaft. Die Notwendigkeit einer differenzierten Schutzstrategie für die Natur- und Kulturlandschaft in der Nationalparkregion Sächsische Schweiz stellt sich als kompliziert, aber als lösbar dar. Dies ist für die Erhaltung einer artenreichen Tierwelt, die nicht zuletzt mit den Wert einer Landschaft ausmacht, von grundsätzlicher Bedeutung.

Die Bearbeitung der Vogelwelt für dieses Buch gestaltete sich schwieriger als die der anderen Artengruppen, denn in der Sächsischen Schweiz wurden immerhin über 250 Vogelarten nachgewiesen. Darunter sind Jahres- oder Standvögel, die das ganze Jahr über im Gebiet bleiben und Sommer- oder Zugvögel, welche mehr oder minder lang nur im Sommerhalbjahr anzutreffen sind. Desweiteren berühren verschiedene Arten das Elbsandsteingebirge nur auf dem Durchzug in ihre südlicher liegenden Winterquartiere und von dort wieder zurückkommend, oder sie überwintern hier. Außerdem seien noch die sogenannten Irrgäste erwähnt, die nur ausnahmsweise in der Sächsischen Schweiz beobachtet worden sind. Um den Lesefluß dieses Buches nicht durch trockenes Datenmaterial zu beeinträchtigen, aber gleichzeitig die vorliegende Arbeit auch für Faunisten und Ornithologen verwertbar zu machen, werden die Nachweise der seltenen Durchzügler und Irrgäste in einem Anhang aufgeführt.

Bleibt den Verfassern zum Schluß der Dank an die vielen Helfer und Freunde der Tierwelt unserer Sächsischen Schweiz, die sich in irgendeiner Form für diese selbst oder deren Kenntnisstand eingesetzt haben, sei es, daß sie uns eine „tote Maus“ gebracht haben oder durch sachliches Gespräch und Ratschläge halfen. Stellvertretend seien hier Klaus Augst (Sebnitz), Johannes Ebert (Rathewalde), Uwe Löser (Sebnitz), Manfred Wilhelm (Dresden) und die Fachgruppe Ornithologie Pirna genannt. Auch danken wir den Foto-Autoren, welche zum guten Gelingen der Arbeit beitrugen.

Holm Riebe, Waltersdorf-Sellnitz

März 2003

Ulrich Augst, Sebnitz

Lebensräume in der Sächsischen Schweiz

Sandsteinfelsengebiet

Ebenheiten und Tafelberge

Basaltberge

Randlandschaften – Lausitzer Granitgebiet und Erzgebirgsrandgebiet

Elbtal

Sandsteinfelsengebiet

Die Felsreviere bilden in einer Höhenlage von 300-560 m das oberste Landschaftsstockwerk der Sächsischen Schweiz. Diese in der Regel stark exponierten Felsbereiche besitzen eine sehr große Zerklüftung in Form von Plateaus, Riffen, Hörnern, Wänden und Türmen. Die extreme Flachgründigkeit der Böden sowie ein äußerstes Minimum an Bodenfeuchtigkeit und Feinerde charakterisieren diese Felsstandorte. Die Bodentemperatur erreicht hier im Sommer sehr hohe Maxima und im Winter sehr tiefe Minima. Auf diesen Extremstandorten bilden sich auf Grund ihrer trocken-warmen Gegebenheiten natürliche Waldgrenzstandorte heraus.

Wo sich auf den Felsplateaus eine zusammenhängende Nadelstreudecke bilden kann, beginnt ein langsamer Übergang zur Felsheide. Wird die Bodenbildung stärker, kommt es zur Herausbildung eines Weißmoos-Kiefernwaldes. Dort, wo sich die Felsriffe und -hörner zu den Plateaus hin verbreitern, beginnt auf Grund von flachgründigen Sandsteinverwitterungsböden der Übergang zum Kiefern-Traubeneichenmischwald. Diese natürlichen Kiefernwälder mit ihren Beerstrauchheiden beherbergten einst eine typische Vogelwelt. Mit Auerhuhn, Ziegenmelker und Heidelerche sind die eigentlichen Charakterarten dieser Heiden in den letzten vierzig Jahren verschwunden. Die Ursachen des Aussterbens dieser Arten sind komplex und noch nicht bis ins Letzte geklärt. Heute sind die Riffe Lebensraum u.a. von Baumpieper, Gartenrotschwanz und Haubenmeise. In den Spechthöhlen der Dürrkiefern brüten Sperlingskauz und Mauersegler; in den hohen Felswänden bezieht der Wanderfalke wieder seine Horste. Eng an diese Felshabitate ist auch das mittlerweile seltene Vorkommen des Gartenschläfers gebunden. Die großen geschlossenen Wald- und Felsgebiete der Sächsischen und Böhmischen Schweiz werden hin und wieder vom Luchs aufgesucht.

Die Schluchten, Felsgründe und Bachtäler, die sich bis zu 120 m tief in den Sandstein eingeschnitten haben, weisen häufig eine typisch cañonartige Ausprägung mit zum Teil einmaligem Landschaftscharakter auf. In den Talsohlen und unteren Bereichen dieser Gründe und Schlüchte kommt es zur Herausbildung eines vegetationsprägenden Eigenklimas. Dieses „Kellerklima“ ist gekennzeichnet durch mangelnde Sonneneinstrahlung, geringe Luftbewegung und herabgesetzte Abstrahlung, also durch größere Kühle und höhere Feuchte. Bereits ab Herbst unterbleibt die Sonneneinstrahlung in den meisten Schluchten, und es beginnt hier das Winterhalbjahr.

Dieses Eigenklima ist die Ursache für das Vorkommen eines bodensauren, montanen Tannen-(Fichten)-Buchenwaldes mit seiner typischen montan geprägten Bodenflora. Eine weitere Besonderheit, die an die Ökologie der Schluchtstandorte gebunden ist, stellt die hohe Artenvielfalt an blütenlosen Sporenpflanzen (Kryptogamen) wie z.B. an Farnen und Moosen dar.

Eine enge Bindung an diese Schlucht- und Talstandorte besteht auch bei verschiedenen Vogelarten. Regelmäßige Brutvögel sind hier u.a. Uhu, Sperlingskauz und Zaunkönig, seltener dagegen der Zwergfliegenschnäpper. Eingebunden in die Täler sind hinsichtlich ihrer Gewässergüte überwiegend gute bis sehr gute Fließgewässer. Sie werden der Salmonidenregion zugeordnet, was sich unter anderem durch das regelmäßige Vorkommen von Eisvogel, Wasseramsel und Gebirgsstelze zeigt. Besonders bedeutsam sind diese Fließgewässer auch für eine ganze Reihe von seltenen und gefährdeten Tierarten. Sie sind Lebens- und Nahrungshabitat von Westgroppe, Feuersalamander, Schwarzstorch und Fischotter.

Bild oben — *Das Polenztal, ein tief eingeschnittener Cañon*
Bild unten links — *Felsen mit Kiefern und Birken, das bestimmende Landschaftselement der Hinteren Sächsischen Schweiz*
Bild unten rechts — *Bäche wie die Kirnitzsch sind von ökologisch hoher Bedeutung*

Ebenheiten und Tafelberge

Die Ebenheiten liegen über dem Elbtal und sind von diesem durch steile Hänge und Felswände getrennt. Ihre Höhenlage beträgt 200-250 m. Diese flächenmäßig größeren Gebiete, die das Elbtal auf beiden Seiten begleiten, sind häufig fast eben bzw. horizontal und nur zum Teil mit einem unruhigeren Relief ausgestattet. Auf den Ebenheiten sitzen, meist mit einem Fußhang (Schuttkegel) beginnend und mit der Felskrone endend, die Felsklötze der Tafelberge, die „Steine" genannt werden, so unter anderem Lilienstein und Pfaffenstein. Angrenzend an die höher gelegenen Lausitzer Granithöhen bilden die sogenannten Randebenheiten den Übergang zum nördlich gelegenen Naturraum des Lausitzer Berglandes. Von diesen hat man nicht selten hervorragende Aussichten auf die Sächsische Schweiz, welche dann unten im „Tale" liegt.

Die Ebenheiten selbst sind zum Teil von würmeiszeitlichen Lößlehmauflagen, seltener von Kiesmoränen und Flußschottern bedeckt. Auf diesen lehmbedeckten Bereichen befinden sich die dörflichen Siedlungen des Gebietes inmitten größerer Wiesen und Ackerflächen. Jene, während der bäuerlichen Kolonisation im 12. Jahrhundert entstandenen Waldhufendörfer, gehen auf Ansiedlungen von Franken und Thüringern zurück.

Die potentiell natürliche Waldvegetation der Ebenheiten bilden auf Grund ihrer collinen Lage sowie der Standorte bodensaure Buchen-Eichenwälder verschiedener Ausbildungsformen. Die Baumschicht wird überwiegend durch die Kiefer, die Rotbuche, die Traubeneiche und die Birke gebildet. Aber auch Hainbuche und Winterlinde sind in diesen Beständen nicht selten anzutreffen. Die artenarme Bodenflora wird durch säureliebende Arten wie Schmalblättrige Hainsimse, Wiesen-Wachtelweizen und durch die häufige Drahtschmiele und die Heidelbeere geprägt. Leider sind naturnahe Bestände dieser Wälder äußerst selten. Infolge der intensiven Forstwirtschaft der letzten hundert Jahre ersetzen großflächige und völlig standortfremde Fichtenforste diese Waldgesellschaften.

Die Ackerwildkrautgesellschaften auf den größeren Äckern sind häufig nur noch fragmentarisch ausgebildet bzw. floristisch verarmt. Bei den Grünlandgesellschaften überwiegen artenarme Intensivgrasländer und Frischwiesen in verschiedenen Ausbildungsformen. Seltener sind in das Offenland artenreiche Wiesen eingestreut, die sich den Berg-Glatthafer-Wiesen zuordnen lassen. Diese sind neben einer ganzen Reihe weit verbreiteter Wiesenarten durch das häufige Auftreten des Frauenmantels gekennzeichnet. An hängigen Böschungen und Säumen in wärmebegünstigter Lage finden wir zum Teil gut ausgebildete Saumgesellschaften des Heidenelken-Straußgras-Raines. Naßstandorte mit Feuchtwiesen und Sümpfen sind auf den Ebenheiten, wie überhaupt in der Sächsischen Schweiz, sehr selten und häufiger nur in den Tallagen anzutreffen.

Die Fauna des Offenlandes hat in den letzten Jahrzehnten, wie andernorts auch, beträchtliche Einbußen erfahren. So sind mit Rebhuhn und Hamster zwei der charakteristischsten Arten der Ackerstandorte ausgestorben. Während Wachtel und Wiesenralle selten sind, finden wir Wiesenpieper, Braunkehlchen sowie Neuntöter, Dorngrasmücke und Goldammer noch häufiger im arttypischen Habitat. Auch Mäusebussard und Waldohreule sind in ihrer Verbreitung eng an die Ebenheiten gebunden. Weiterhin sind die Wiesen- und Feldfluren wichtige Nahrungsressourcen für verschiedene Huftierarten wie Wildschwein und Reh, besonders während des Winterhalbjahres, und bestimmen somit deren Populationsstärke.

Bild oben — *Randebenheit bei Rathewalde*
Bild unten links — *Ackergebiet auf der Ebenheit bei Waltersdorf*
Bild unten rechts — *Artenreiche Wiesen sind selten geworden in der Sächsischen Schweiz*

Basaltberge

Die Basaltberge stellen, als Ergebnis eines tertiären Vulkanismus, ein völlig neues geologisches Element in der Sächsischen Schweiz dar. Eine Häufung dieser zahlreichen stock- oder gangförmigen Basaltdurchbrüche finden wir im südöstlichen Teil des Gebietes, also in der Hinteren Sächsischen Schweiz.

Zu den größeren Basaltbergen innerhalb der Sächsischen Schweiz gehören Großer und Kleiner Winterberg, Raumberg, Hausberg und Heulenberg. Interessant ist, daß alle Basaltberge an die rechtselbische Seite der Sächsischen Schweiz gebunden sind. Auf Grund der geologischen Gegebenheiten sowie eines unterschiedlich ausgeprägten Hydroregimes besitzen diese Standorte eine gute Nährstoffversorgung. Die häufig nur recht kleinflächig vorhandenen Basaltgebiete sind von krautreichen Buchenwäldern bestockt. In ihrer Ausprägung und Vergesellschaftung gehören diese Waldgesellschaften zu den wertvollsten Ökosystemen des Nationalparkes.

In der Baumschicht ist neben der bestandsbildenden Rotbuche häufig der Bergahorn und an feuchten Stellen die Gemeine Esche vertreten. Seltener sind Trauben- und Stieleiche, der Spitzahorn, die Hainbuche, die Schwarzerle, die Winterlinde und die Bergulme zu finden.

Die für diese krautreichen Buchenwälder typische Bodenflora zeichnet sich durch eine charakteristische Vielfalt aus. Etwa 45 Laubwaldpflanzen wurden im Elbsandsteingebirge festgestellt. Von den Frühjahrsblühern sind Hohler Lerchensporn, Buschwindröschen und das seltenere Gelbe Windröschen erwähnenswert. Weitere hier vorkommende Pflanzenarten sind: Seidelbast, Waldbingelkraut, Lungenkraut, Frühlingsplatterbse, Waldveilchen, Bergehrenpreis, Waldmeister, Waldwicke und schließlich Alpen-Hexenkraut und Mittleres Hexenkraut. Pflanzengeographisch bedeutsam ist das Vorkommen der östlich verbreiteten Neunblättrigen Zahnwurz. Im Sommeraspekt des Buchenwaldes dominieren die Gräser. Bedeutsam und die guten Nährstoffverhältnisse anzeigend ist das vereinzelte Vorkommen der Waldgerste auf dem Großen Winterberg, welche in Sachsen nur wenige Standorte besitzt. Weitere charakteristische Gräser sind Nickendes und Einblütiges Perlgras, Waldflattergras, Waldreitgras und Riesenschwingel. Von den hier häufig vorkommenden Farnen sind Wurmfarn, Frauenfarn und Eichenfarn erwähnenswert.

In den großen Altbuchen zimmern häufig Schwarz-, Grau- und Buntspecht ihre Höhlen. Diese werden dann von Hohltaube, Waldkauz und Rauhfußkauz oft nachgenutzt. Aber auch Zwergfliegenschnäpper und Halsbandfliegenschnäpper wurden hier als Brutvögel nachgewiesen. Von den Säugetieren ist das Vorkommen des Siebenschläfers bemerkenswert.

Bild links — *Krautreiche Buchenwälder bilden die Vegetation auf den Basaltbergen*
Bild oben rechts — *Der Raumberg, ein typischer Basaltberg*
Bild unten rechts — *Frühjahrsblüher (Wald-Goldstern) am Großen Winterberg*

Elbtal

Das Elbtal ist für das Landschaftsbild der Sächsischen Schweiz von herausragender Bedeutung. Der Strom, der sich hier in die Sandsteinlandschaft eingetieft hat, bildet zusammen mit dem anstehenden Fels ein wesentliches Landschaftselement. Besonders im Rathener und im Schandauer Elbtalabschnitt hat man Sichtbeziehungen von einmaliger landschaftlicher Schönheit. Immer ist dabei der Elbstrom landschaftsprägend. Daher auch der geographische Name der Sächsisch-Böhmischen Schweiz, das Elbsandsteingebirge.

Zugleich stellt das Elbtal den Hauptverkehrstrakt durch Eisenbahn, Bundesstraße und Schiffahrt dar. In dem engen Tal liegen, teilweise sich in die Nebentäler hineinziehend, auf meist nur schmalem Raum die Ansiedlungen der ursprünglich vom Fischfang und der Schiffahrt, heute von Handwerk und Fremdenverkehr lebenden Bevölkerung.

Die Elbe hat in der Sächsischen Schweiz von der Grenze zur Tschechischen Republik bis Pirna eine Lauflänge von 34 km. Die ehemaligen Steinbrüche, welche den Fluß 13,5 km auf der rechten und 7,2 km auf der linken Talseite begleiten, stellen einen bedeutenden Eingriff in das Stromtal dar.

Das Elbtal ist klimatisch deutlich wärmer und trockener als das umgebende Hochland. Innerhalb der Sächsischen Schweiz stellt es einen naturnahen und artenreichen Lebensraum dar. Zum einen existieren hier in großer Mannigfaltigkeit Saumbiotope und Verlandungsbereiche verschiedenster Art, wie Spülsäume, Ufersäume, Weidengebüsche, Elblachen mit Schlammfluren, zum anderen finden wir noch in geringer Anzahl hervorragend ausgeprägte Stromtal-Wiesengesellschaften sowie hier und da kleinere Auwaldreste.

Pflanzengeographisch stellt das Elbtal für wärmeliebende Arten ein wichtiges Bindeglied zwischen dem Böhmischen Mittelgebirge und dem Elbhügelland dar. Arten des südlich-kontinentalen Florenelementes prägen oft die strukturreichen Ufer- und Randfluren. Unmittelbar an der Uferzone finden wir noch Reste der ursprünglichen Flußschotter- und Schlammvegetation, deren natürliche Biotope durch die tiefgreifende Elbregulierung des 19. Jahrhunderts zum großen Teil verlorengingen.

Die Weidengebüsche sind entlang des Flusses stellenweise gut ausgeprägt, und wir finden hier als seltene subkontinentale Stromtalpflanze den Taubenkropf. Als Reste der einstigen Hartholzaue wachsen, einzeln eingestreut in die Weidengebüsche, einige Exemplare der Flatterulme, der Schwarzerle, sehr selten auch der Feldulme sowie des Feldahorns. Bedingt durch die Nährstoffanreicherung der Elbe haben sich große Ruderal(Ödland-)flächen mit Brennessel, Kletten-Labkraut und Rohr-Glanzgras gebildet.

Auch wenn die Sandheger mit dem Flußregenpfeifer an der Elbe verschwunden sind und im Weidicht der Dämme schon lange kein Blaukehlchen mehr singt, ist die Tierwelt des Elbtales noch immer artenreich. Im Winter kann man Zwergtaucher, Tafelente, Reiherente, Schellente, Gänsesäger, Zwergsäger und größere Ansammlungen von Kormoranen und Graureihern sehen. In einzelnen Elblachen kommen der Teichfrosch und der seltene Seefrosch vor. Weiterhin ist das Stromtal Lebensraum und Winterquartier von neun Fledermausarten, unter anderem der sehr seltenen Kleinen Hufeisennase. Auch Biber und Fischotter besiedeln in einzelnen Exemplaren wieder den Fluß oder nutzen ihn als Wanderweg.

Bild oben	*Schnittlauch, eine Charakterart des Elbufers*
Bild unten links	*Naturnahes Ufer an der Elbe bei Prossen*
Bild unten rechts	*Ausgetrocknete Elblache bei Königstein-Strand*

Randlandschaften

Lausitzer Granitgebiet

Das Lausitzer Granitgebiet verleiht der Landschaft im nördlichen Raum der Sächsischen Schweiz durch seine Granitrücken, Höhenzüge und Talmulden ein wiederum anderes Aussehen. Dieses Granitgebiet ist durch die Lausitzer Überschiebung vom Sandsteingebiet scharf abgegrenzt. Der ursprüngliche Tannen-Buchen-Bergmischwald ist leider nur noch in geringen Resten erhalten geblieben und größtenteils durch Fichtenforste ersetzt.

In seinen Tallagen und entlang der Hohen Straße liegen Siedlungen, die bis heute rein bäuerlich geprägt sind. Einen besonderen Reiz besitzt der Grenzlandwinkel um Saupsdorf und Hinterhermsdorf, wo die Landschaft noch die Ruhe vergangener Zeit atmet. Eine herausragende Rolle nimmt das Sebnitztal ein, welches landschaftlich zu den schönsten Tälern der Sächsischen Schweiz gehört. Hier finden wir abwechslungsreiche Waldgesellschaften, von denen besonders an den Steilhängen sehr naturnahe Schuttwälder hervorzuheben sind. Auch verdienen die Felsdurchragungen und kleinflächig ausgeprägte Blockhalden mit besonderer Flora und Fauna Beachtung. In den letzten Jahren blieben leider viele Talwiesen ohne landwirtschaftliche Nutzung und fallen so der Verbuschung anheim und werden langsam zu Wald.

Die Kulturlandschaft ist in all diesen Bereichen noch recht gut erhalten und kleiner strukturiert, was sich in einem höheren Artenreichtum niederschlägt. So gibt es hier vereinzelt noch Orchideenwiesen, bunte Saumgesellschaften und kleinere Steinrücken mit Hecken.

Die Tierwelt ist artenreich, seltene Kleinsäugerarten wie die Kleinäugige Wühlmaus oder der Feuersalamander sind im Lausitzer Granitgebiet zu Hause. Mit Wachtel und Wachtelkönig, Braunkehlchen und Neuntöter sind noch typische Vertreter naturnaher Wiesen vorhanden, und im Sebnitztal sind Zwergfliegenschnäpper und Waldlaubsänger zu Hause.

Erzgebirgsrandgebiet

Im Südwesten grenzt das Elbsandsteingebirge an das Erzgebirge, das geologisch durch den Gneis gebildet und hier als Elbtalschiefergebirge bezeichnet wird. Der Naturraum Erzgebirge mit den Hellendorfer und Markersbacher Talweitungen hat an der Fläche der Sächsischen Schweiz nur einen geringen Anteil. Trotzdem besitzt dieser landschaftlich reizvolle Bereich einige erzgebirgische Elemente, die jedoch auch die ganze linkselbische Seite des Elbsandsteingebirges beeinflussen. Hier sind einige noch erhaltene Reste der erzgebirgischen Wiesen zu nennen. Diese sind durch eine Reihe von Charakterpflanzen, wie Bärwurz, Kugel-Teufelskralle, Verschiedenblättrige Kratzdistel, Wiesen-Knöterich und Trollblume gekennzeichnet. In den abgelegenen und einsamen Wiesen am Buschbach finden wir noch eine reiche Tierwelt, der Wachtelkönig ist regelmäßig zu hören und noch vor Jahren traf man hier auf die Bekassine. Mit Birkhuhn, Wiesenpieper, Braunkehlchen und Neuntöter besiedeln weitere Charakterarten die Offenlandflächen dieses Übergangsgebietes.

Eine ganze Reihe von Amphibienarten findet man in den kleinen Wassertümpeln der Feuchtwiesen. Die ursprünglichen Buchenwälder wurden meistens in Fichtenforste oder Agrarland umgewandelt.

Bild oben	*Landschaft im Lausitzer Granitgebiet nördlich von Hinterhermsdorf*
Bild unten links	*Blick ins Erzgebirgsgebiet bei Markersbach*
Bild unten rechts	*Schuttwälder, ein typisches Landschaftselement der Kerbtäler im Granit*

Säugetiere

Insektenfresser

Die Insektenfresser (*Insectivora*) stehen auf der frühesten Entwicklungsstufe der Säugetiere. Wahrscheinlich sind Arten dieser Tiergruppe ihre ältesten noch lebenden Vertreter und schon seit über 50 Millionen Jahren auf der Erde zu Hause! So besitzen sie noch ein kaum oder gänzlich ungefurchtes Gehirn. Sie ernähren sich überwiegend von wirbellosen Tieren, meist von Insekten, was sich aus ihrem spitzhöckrigen Gebiß ableiten läßt.

Der Igel oder genauer gesagt, der **Braunbrust-Igel** (*Erinaceus europaeus*) als ein volkstümliches und gern gesehenes Tier unserer Waldränder, Hecken, Gebüsche und Gärten kommt in der Sächsischen Schweiz in weiten Bereichen noch relativ häufig vor. Bei genauerem Hinsehen stellen wir jedoch eine recht enge, man möchte fast sagen ausschließliche Bindung an unsere menschlichen Siedlungen fest.

Als eine Folge des drastisch gestiegenen Autoverkehrs der letzten Jahre wird der Igel hier auf den Straßen des Nachts eines der häufigsten Verkehrsopfer. Sein ihm angeborenes Verhalten, sich bei Gefahr zu einer Kugel zusammenzurollen, nützt ihm da wenig, und so sind in den letzten zehn Jahren wohl mehrere hundert Igel in der Sächsischen Schweiz überfahren worden. Ob dies zu einem Rückgang der Art führen wird, läßt sich derzeit nur schwer sagen. In den Nahrungsresten des Uhus, für den der Igel immer schon ein Leckerbissen war, ist auf alle Fälle in den letzten Jahren ein deutlicher Rückgang festzustellen.

Der **Maulwurf** (*Talpa europaea*) ist durch seinen zylindrischen Körperbau mit dem kurzen Schwanz, sein dichtes, samtartiges Fell, die mächtigen Grabhände, die winzigen Augen und die fehlenden Ohrmuscheln an seine unterirdische Lebensweise hervorragend angepaßt. Seine Baue sind weit verzweigte, bis zu hundert Meter lange Gangsysteme mit Vorrats- und Nestkammern und werden durch ein ausgeklügeltes System belüftet. Seine Nahrung besteht überwiegend aus Regenwürmern und verschiedenen Insektenlarven. Er besiedelt in der Sächsischen Schweiz weite Bereiche und kommt in ganz unterschiedlichen Biotopen vor. Wir finden ihn auf Wiesen, in Gärten, aber auch in feuchten Laub- und Mischwäldern nicht selten. Auch die großen Waldungen der Sächsischen Schweiz werden häufig von ihm bewohnt. Daß der Maulwurf auch Tafelberge wie den Pfaffenstein besiedelt und auf dem kargen Sandboden der Partschenhörner auf einem Riff oberhalb der Sandschlüchte bei 460 m Höhe ein Vorkommen hat (immerhin etwa 3 km von der nächsten Wiese entfernt), stellt eine Besonderheit dar. Aber auch im Großen Zschand, auf dem Pferdehorn am Raumberg, an den Bärenfangwänden, am Polzenitaufschluß an der Goldsteinaussicht und auf den Schrammsteinen wurden Maulwürfe beobachtet, was die erstaunliche Anpassungsfähigkeit der Art belegt.

In unseren Dörfern bringen die Katzen zuweilen kleine Mäuse mit rüsselartigen Schnäuzchen angeschleppt, die sie dann nicht fressen und „zur allgemeinen Freude“ meist an exponierter Stelle ablegen. Wer sich noch die Mühe macht, die Sache weiter zu beobachten, wird sehen, daß die kleinen Tiere unglaublich schnell verwesen. Die Katze hatte eine Spitzmaus gefangen. „**Spitzmäuse**“ gehören jedoch überhaupt nicht zu den Mäusen, die ja den Nagetieren zuzuordnen sind, sondern zusammen mit den oben besprochenen Arten zu den Insektenfressern.

Neben vielen urtümlichen Merkmalen besitzen jedoch einige Spitzmausarten äußerst spezielle und damit fortschrittliche Anpassungen und erschweren so ihre biologische Einordnung. Des weiteren sind sie auch die kleinsten lebenden Säugetiere, haben sehr kleine Augen und ein kurzes, dichtes, oft zweifarbiges Fell. Die spitze Schnauze wird durch einen fleischigen Rüssel verlängert, ein Tastorgan, welches immer in Bewegung ist und ein regelrechtes „Schaltbrett der Sinne“ darstellt.

Weil Spitzmäuse infolge ihrer geringen Körpergröße einen

großen Wärmeverlust und damit einen hohen Stoffwechsel aufweisen, ist eine ununterbrochene Kalorienzufuhr notwendig. Spitzmäuse müssen täglich das Doppelte ihres Körpergewichtes an Nahrung aufnehmen und können nicht länger als ein paar Stunden überleben ohne zu fressen. Gefressen werden vor allem Käfer, andere Insektenarten, Spinnen, Schnekken und Regenwürmer, aber auch Sämereien. Ihre Lebensdauer beträgt etwa 18 Monate bei nur einer Überwinterung ohne Winterschlaf.

In der Sächsischen Schweiz kommen Spitzmäuse in den verschiedensten Lebensräumen vor. Ihre Nachweise sind selten und beschränken sich auf Todfunde und Gewöllenachweise bei den heimischen Eulen.

Prinzipiell unterscheidet man die beiden Spitzmaus-Unterfamilien nach der Farbe ihres Zahnschmelzes. Die Rotzahnspitzmäuse haben in der Regel durch Eiseneinlagerungen rötliche Zahnspitzen. Die Weißzahn- oder Wimpern-Spitzmäuse hingegen besitzen vollkommen weiße Zähne. An ihrem Schwanz befinden sich gut sichtbar lange, abstehende Wimpernhaare. Diese Unterscheidung erscheint sehr allgemein, wurde aber in letzter Zeit durch physiologische und hirnanatomische Untersuchungen bestätigt. Im wesentlichen kann man sagen, daß die Weißzahn-Spitzmäuse mehr an trockene und die Rotzahn-Spitzmäuse mehr an feuchte Biotope gebunden sind.

In der Sächsischen Schweiz kommt als kleinste Art der Weißzahn-Spitzmäuse nur die **Gartenspitzmaus** (*Crocidura suaveolens*) vor. Sie hat in Sachsen eine mehr östliche Verbreitung, ist bei uns nicht selten und in ihrem Vorkommen fast ausschließlich an unsere Siedlungsräume gebunden (siehe auch Karte auf dieser Seite).

Im angrenzenden Dresdener Raum kommen mit der **Feldspitzmaus** (*Crocidura leucodon*) und der **Hausspitzmaus** (*Crocidura russula*) zwei weitere Arten hinzu. Das Verbreitungsgebiet der Feldspitzmaus erreicht in seiner südöstlichen Grenze das Gebiet der Sächsischen Schweiz (Viehleite bei Pirna), und es ist denkbar, daß die Art auch randlich der Sächsischen Schweiz noch weitere Vorkommen besitzt.

Die Hausspitzmaus konnte in der Sächsischen Schweiz bisher nicht nachgewiesen werden. H. Förster vermutete die Hausspitzmaus in der Sächsischen Schweiz und auch R. März fing 1950 ein Exemplar in Prossen und bestimmte das Tier als Hausspitzmaus. Dieser Einzelnachweis ist äußerst ungewöhnlich, zumal auch in der benachbarten Böhmischen Schweiz kein Nachweis von Hausspitzmaus und Feldspitzmaus erbracht werden konnte. Erst im Böhmischen Mittelgebirge / České středohoří bei Aussig / Ústí nad Labem kommt die Feldspitzmaus wieder vor. Die Hausspitzmaus gibt es in Tschechien überhaupt nicht.

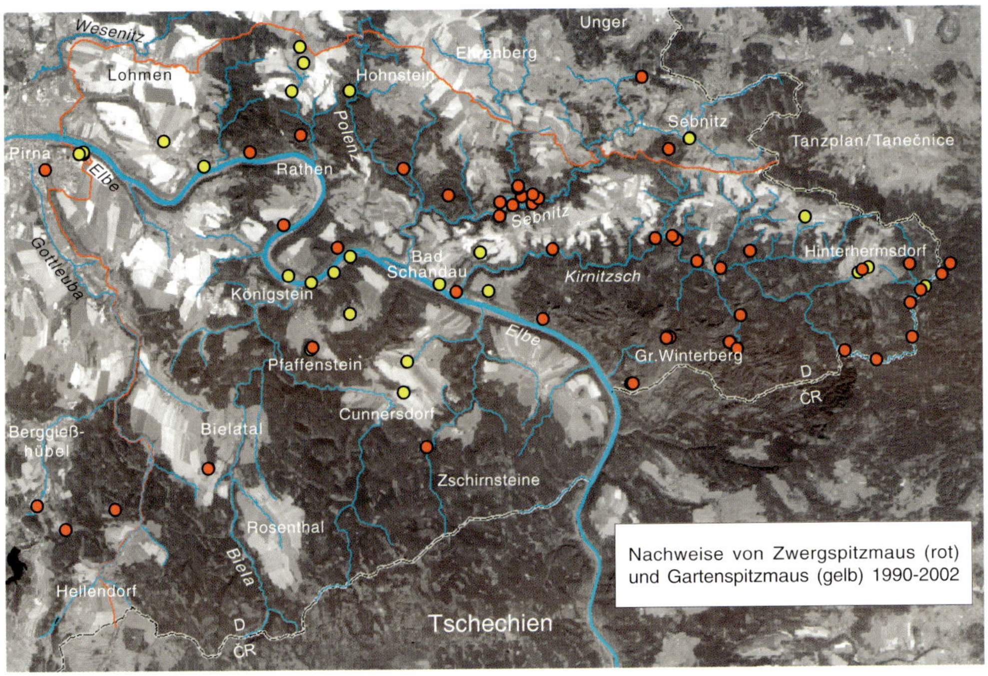

Nachweise von Zwergspitzmaus (rot) und Gartenspitzmaus (gelb) 1990-2002

Im Vergleich zu den Weißzahn-Spitzmäusen ist die Familie der Rotzahn-Spitzmäuse in der Sächsischen Schweiz mit mehreren Arten vertreten.

Die mit Abstand häufigste Art ist die **Waldspitzmaus** (*Sorex araneus*), die flächendeckend auftritt und in fast allen Lebensräumen vorkommt.

Schon etwas seltener und enger an feuchte Laubwälder, Schonungen und Wiesen gebunden ist die nur fünf Zentimeter große und 3 bis 5 Gramm (!) schwere **Zwergspitzmaus** (*Sorex minutus*), deren Verbreitung in der Karte auf der vorhergehenden Seite dargestellt ist. Von dieser Art, die H. FÖRSTER 1938 aus der Sächsischen und J. MICHEL 1929 aus der Böhmischen Schweiz noch nicht kannte, gelangen in den letzten Jahren bei Fängen, aber auch als Todfunde über 60 Nachweise im Gebiet.

Die häufigste Spitzmausart der Sächsischen Schweiz: die Waldspitzmaus. Sie kommt in fast allen Lebensräumen vor.

Die in neuerer Zeit selten gewordene **Wasserspitzmaus** (*Neomys fodiens*) ist deutlich größer als Zwerg- und Waldspitzmaus, auf der Oberseite mit glänzend schwarzem Fell und einer helleren Unterseite. Die qicklebendige, sehr heimlich lebende Spitzmaus besiedelt die Ufer unserer langsam fließenden Bäche sowie kleinere Teiche und findet sich selten weiter vom Wasser entfernt. Eine strukturreiche und dichte Ufervegetation ermöglicht es ihr, auch am Tage ihren ewigen Hunger zu stillen und weitgehend unbemerkt der Nahrungssuche nachzugehen. Auch ihr Nest gräbt sie häufig in der Uferböschung nahe dem Wasser ins Erdreich oder nutzt andere schon vorhandene Mäuselöcher und Gänge.

Die Wasserspitzmaus kann gut schwimmen und besitzt zu diesem Zwecke Schwimmborsten an den Hinterfüßen und einen Borstenkiel an der Schwanzunterseite, mit dem sie schnelle Richtungswechsel im Wasser vollziehen kann. Ihr langes und dichtes Fell schützt die Wasserspitzmaus vor dem Naßwerden und ein kurzes Schütteln reicht und ihr Fell ist wieder trocken. Besonders die Gewässerverschmutzung, aber auch die Versauerung unserer Bäche trugen zu einem deutlichen Bestandsrückgang der Art bei. Am Grünbach unterhalb des Amselfalles, an der Polenz, der Kirnitzsch, im Struppengrund und bei Hinterhermsdorf wurde die Wasserspitzmaus noch in den letzten Jahren regelmäßig beobachtet. Infolge ihrer heimlichen Lebensweise ist sie schwer zu beobachten und wird noch hier und da an unseren Bächen kleine Vorkommen besitzen.

Äußerst selten dagegen ist die nur lückenhaft verbreitete **Sumpfspitzmaus** (*Neomys anomalus*), welche von einem tschechischen Kollegen (Z. BÁRTA) 1982 bei Kleinsäugerfängen im Lochräumigt an der Kirnitzsch nachgewiesen wurde. Bei neueren Untersuchungen an der Kirnitzsch konnte die Sumpfspitzmaus bisher nicht wieder bestätigt werden.

Fledermäuse

Die hinsichtlich ihrer Biologie wohl erstaunlichste und interessanteste Tiergruppe bei den Säugetieren sind zweifellos die Fledermäuse (*Chiroptera*). Ihr unheimliches Aussehen mit seltsamen Hautnasen und übergroßen Ohrmuscheln, das scharfe Gebiß, ihr geräuschloser, flattriger Flug und ihre nächtliche Lebensweise verschafften den kleinen Tieren bei vielen Menschen, besonders wohl bei der Landbevölkerung, eine Art schaurigen Respekt. Hinzu kommt, daß ihre Tagesverstecke meist einsame und dunkle Räume sind, wo es „eh nicht geheuer“ ist.

Erst in den letzten Jahrzehnten beschäftigt sich eine kleine, aber wachsende Anzahl von faunistisch Interessierten mit der Lebensweise der von einem gravierenden Rückgang betroffenen und daher gefährdeten Tiergruppe. Hauptursache für diesen dramatischen Vorgang sind die Nahrungseinbußen (Insektenrückgang), hervorgerufen durch den Einsatz von Insektiziden (z.B. DDT). Aber auch die Biotopverarmung unserer Kulturlandschaft, z.B. der Wiesen, und der damit verbundene Rückgang der Insektenvielfalt sowie die ständig fortschreitende „tierfeindliche“ Sanierung der Häuser und der damit verbundene Quartierverlust sind weitere Gründe für den Rückgang der Fledermäuse.

Wie alle Insektenfresser haben Fledermäuse einen relativ hohen Nahrungsbedarf und sind deshalb auf ein reiches Insektenangebot angewiesen. Dabei sind Jagdweise und Nahrungsspektrum der einzelnen Arten sehr unterschiedlich. So wird im freien Luftraum, im Bereich von Baumwipfeln oder des Geästes und knapp über Wasserflächen gejagt. Aber auch direkt von Blättern oder vom Boden werden Insekten aufgenommen.

Fledermäuse sind in vielen Lebensräumen der Sächsischen Schweiz vorhanden, entziehen sich jedoch infolge ihrer nächtlichen Lebensweise weitgehend unserer direkten Beobachtung, so daß wohl viele Menschen eine Fledermaus noch nie aus eigener Anschauung gesehen haben. Dabei haben sich die meisten der während des Sommers ziemlich regelmäßig nachgewiesenen Arten relativ eng an den Menschen und seine Siedlungen angeschlossen. Sie nutzen als Tagesverstecke Dachböden, Heizungskeller oder Spalten, Holzverschläge und Fensterläden an den Fassaden von Bauwerken, statt ursprünglich Höhlen oder Gesteinsspalten. Andere Fledermausarten wieder sind überwiegend Waldbewohner und beziehen tagsüber in Baumhöhlen ihr Quartier.

Überregional bedeutend ist die Sächsische Schweiz für diejenigen Fledermausarten, welche in den Sandsteinspalten des Gebietes ihren Winterschlaf halten. Alle in der Sächsischen Schweiz bisher nachgewiesenen 16 Fledermausarten (in Sachsen sind 19 Arten bekannt) sind, wie schon oben erwähnt, in ihrem Bestand auf das Äußerste bedroht. Um die nahrungsarme Winterzeit zu überstehen, halten Fledermäuse in verschiedenen Bergwerkstollen, Kellern oder Felsspalten einen mehrmonatigen Winterschlaf. Daher ist es zum Beispiel notwendig, die winterschlafenden, vollkommen schutzlosen Fledermäuse vor störenden Einflüssen, die ein Aufwachen und daraus resultierenden Energieverlust verursachen, zu schüt-

Verschlossener Fledermausstollen

zen. Aus diesem Grund werden Stollen, in denen die Tiere ihr Quartier bezogen haben, durch Verschluß gesichert, so z.B. das Kalkbergwerk Zeschnig, der Stollen an der Buttermilchmühle und der Specksteinstollen am Gohrisch.

Nur noch sehr wenige Nachweise und Winterquartiere lassen sich im Elbtal von der vom Aussterben bedrohten **Kleinen Hufeisennase** (*Rhinolophus hipposideros*) finden. Die Art steht in der Sächsischen Schweiz an der Nordgrenze der Verbreitung und ist deshalb und auch infolge ihrer Seltenheit besonders schützenswert. Beobachtungen von einzelnen Tieren liegen in den letzten Jahren nur noch aus dem Elbtal zwischen Rathen, Königstein und Krippen vor, während sich noch vor einigen Jahrzehnten die Kleine Hufeisennase auch in der nördlichen Sächsischen Schweiz regelmäßig nachweisen ließ. Winterquartiere werden neben dem Elbtal auch noch im Bereich der linkselbischen Steine aufgesucht. Da die Tiere nur geringe Entfernungen zwischen Sommer- und Winterquartier zurücklegen und sich die Nachweise und Beobachtungen immer nur auf einige wenige Tiere beziehen, kann man von einer kleinen Restpopulation der Art im Elbtal der Sächsischen Schweiz ausgehen. Größere Bestände und auch Wochenstuben finden sich dagegen noch im unmittelbar angrenzenden Osterzgebirge bei Gottleuba und Berggießhübel.

Kleine Hufeisennase, eine der am meisten bedrohten Fledermausarten, hier beim Winterschlaf.

Auch von den mehrfach nachgewiesenen Bartfledermäusen sind bisher aus dem Gebiet keine Reproduktionsnachweise bekannt geworden. In den letzten Jahren konnte die **Kleine Bartfledermaus** (*Myotis mystacinus*) an einer ganzen Reihe von neuen Lokalitäten in der Hinteren Sächsischen Schweiz nachgewiesen werden, so in Hinterhermsdorf, in Lichtenhain, in Ottendorf und im Keilholz.

Von der mehr waldbewohnenden **Großen Bartfledermaus** (*Myotis brandti*) wurden in den letzten Jahren Einzelfunde bei Sebnitz, Ottendorf, Bad Schandau und Lohmen bekannt. Im Winterquartier ist die Art bisher in Stollen im Elbtal bei Krippen und Königstein und bei Altendorf gefunden worden.

In der letzten Zeit etwas häufiger wurde die früher sehr seltene **Fransenfledermaus** (*Myotis nattereri*) in weiten Teilen der Sächsischen Schweiz nachgewiesen. In den Stollen bei Königstein, Altendorf und Gohrisch findet sie sich auch regelmäßig zur Überwinterung ein. Eine Wochenstube wurde bisher in Lohsdorf gefunden, aber auch in Sebnitz an der Forellenschänke wurden Jungtiere beobachtet.

Von der **Bechsteinfledermaus** (*Myotis bechsteini*) sind nur wenige Einzelfunde in den letzten Jahren bekannt geworden, so in Sebnitz an der Forellenschänke, in Ottendorf an der Breiten Heide und am Zeughaus.

Großes Mausohr im Winterquartier

Vom **Großen Mausohr** (*Myotis myotis*), unserer mit 6-8 cm größten heimischen Fledermausart, sind mehrere Wochenstuben bekannt. Die derzeit größte wurde im Dachboden des Gymnasiums in Sebnitz 1994 entdeckt, wo jedes Jahr über 250 Tiere ihren Nachwuchs zur Welt bringen. Etwa zum gleichen Zeitpunkt erlosch eine Wochenstube auf dem Kirchboden in Bad Schandau, wo noch Anfang der 1970er Jahre bis zu 60 Weibchen und Jungtiere erfaßt wurden. Weitere Wochenstuben befanden sich in der Pirnaer Klosterkirche und auf dem Sonnenstein.

In den Winterquartieren der Sächsischen Schweiz wurden mehrfach überwinternde und markierte Mausohren aus der Oberlausitz, z.B. aus Hoyerswerda, Lohsa und Königswartha nachgewiesen.

In den bekannten Stollen und Höhlen der Sächsischen Schweiz ist die mittelgroße **Wasserfledermaus** (*Myotis daubentoni*) eine der häufigsten Überwinterer, zum Teil kommen die Tiere dabei aus einem größeren Einzugsbereich. Während des Sommerhalbjahres wurde sie in den letzten Jahren bei Probefängen an Gewässern regelmäßig nachgewiesen, so daß man davon ausgehen kann, daß die Art auch im Sommer die entsprechenden Lebensräume im Gebiet besiedelt. Eine Wochenstube oder ein anderes Sommerquartier wurde bisher jedoch nicht gefunden.

Von der in Sachsen vorwiegend in den höheren Lagen des Erzgebirges verbreiteten **Nordfledermaus** (*Eptesicus nilssoni*) wurden bisher nur wenig Einzelfunde im Gebiet bekannt. So fand man Tiere in Bielatal / Raum (1988) und in Bielatal (1997).

Die **Breitflügelfledermaus** (*Eptesicus serotinus*) wird regelmäßig als Überwinterer in den Winterquartieren der Sächsischen Schweiz angetroffen, wobei sie hier trockene Räume wie Dachböden und Gewölbe bevorzugt. Es liegen aber auch zahlreiche Einzelnachweise für unser Gebiet vor. Mehrere Wochenstuben wurden 1995/96 in Schönbach bei Sebnitz festgestellt, in einem Falle sogar mit etwa 60 Tieren.

Für den **Großen Abendsegler** (*Nyctalus noctula*) ist die Sächsische Schweiz als Überwinterungsgebiet von Bedeutung. Hier befinden sich in tiefen, schmalen Felsspalten mit wenig Luftbewegung größere Überwinterungsplätze mit bis zu 150 Tieren, die sich zum Teil durch Fernzug hier einfinden. Durch Beringungen konnten 1987 in einem Winterquartier im Rathener Gebiet ein Tier aus Südschweden (535 km Entfernung!) und 1993 ein Tier aus Nordbrandenburg (265 km) nachgewiesen werden!

Erst in den letzten Jahren gelangen im Zeughausgebiet in einer Felsspalte Beobachtungen an einem Sommerquartier, wo im August 1998 immerhin 10 Tiere festgestellt werden konnten. Von dieser waldbewohnenden, großen Fledermausart dürften mit hoher Sicherheit auch Wochenstuben in Baumhöhlen oder Felsspalten der Sächsischen Schweiz zu finden sein.

Eine der häufigsten Fledermausarten im Gebiet ist die nur bis 5 cm große **Zwergfledermaus** (*Pipistrellus pipistrellus*), die nicht selten in unseren Dörfern, aber auch als Waldbewohner zu finden ist. Wochenstuben konnten bisher nicht gefunden werden.

Mehrere Winterquartiere in Felsspalten sind aus der Hinteren und Vorderen Sächsischen Schweiz bekannt, wo bis zu 200 Tiere gemeinsam überwintern.

Nur als Durchzügler tritt im Gebiet die im östlichen und mittleren Europa meist im Tiefland lebende **Rauhhautfledermaus** (*Pipistrellus nathusii*) auf. Einzelnachweise der letzten Jahre traten in der Försterei Zeughaus und in den Orten Saupsdorf und Ottendorf auf.

Nur 5 cm groß wird die Zwergfledermaus.

Die bis in den Fernen Osten verbreitete **Zweifarbfledermaus** (*Vespertilio murinus*) wurde in den letzten Jahren mehrfach hinter Fensterläden und Holzverschlägen (z.B. Zeughaus 2001), aber auch in Felsspalten (Postelwitzer Brüche 2000) im Winterquartier gefunden. Ebenso kann man davon ausgehen, daß die **Mopsfledermaus** (*Barbastella barbastellus*) in der Sächsischen Schweiz nur als Überwinterer auftritt, obwohl in den letzten Jahren eine Häufung der Beobachtungen auch Hinweise auf mögliche Sommerquartiere zuläßt.

Das **Graue Langohr** (*Plecotus austriacus*), als eine etwas wärmebedürftigere Art, ist in der Sächsischen Schweiz wesentlich seltener als das Braune Langohr, seine Zwillingsart. Regelmäßig stellt es sich in den Winterquartieren im Elbtal bei Königstein ein. Wochenstuben des Grauen Langohrs wurden im angrenzenden Osterzgebirge in Friedrichswalde-Ottendorf und Maxen sowie in Dürrröhrsdorf-Dittersbach bekannt.

Viel weiter verbreitet und eine der häufigsten Fledermausarten ist das **Braune Langohr** (*Plecotus auritus*), das regelmäßig in unseren Ortschaften vorkommt. Zahlreiche Einzelnachweise sind über das gesamte Gebiet verteilt. Bisher wurde jedoch nur 1996 eine Wochenstube in Bielatal gefunden.

Wer am warmen Sommerabend im Garten bisweilen Fledermäuse in ihrem taumeligen Flug nach Insekten jagen sieht, stellt sich wohl die Frage nach der Art, die da zu beobachten ist.

Nach dem Flugbild Fledermäuse zu bestimmen, ist jedoch kaum möglich und bleibt wohl dem Fledermausfachmann, und auch dem nur eingeschränkt, vorbehalten. Nur mit Hilfe eines Ultraschalldetektors, der die für unsere Ohren nicht wahrnehmbaren Ruflaute hörbar macht, ist es mit viel Erfahrung und Fachkenntnis möglich, die Arten anhand ihrer ganz unterschiedlichen Rufe relativ sicher zu identifizieren.

Nagetiere und Hase

Zu den Nagetieren (*Rodentia*) als artenreichste Säugetierordnung gehören eine ganze Schar kleiner bis mittelgroßer Landtiere, deren Zehen mit Krallen bewehrt sind, die ein nur wenig gefurchtes Gehirn sowie einen großen Blinddarm besitzen und deren Hauptmerkmal je ein Paar große, wurzellose und ständig nachwachsende Nagezähne sind.

Die Tiere sind Pflanzen- bis Allesfresser, viele Arten wie z.B. die Mäuse zeichnen sich durch eine hohe Vermehrungsrate aus.

Als eine entwicklungsgeschichtlich ganz eigenständige Säugergruppe wurden die Hasentiere (*Lagomorpha*) in neuerer Zeit von den Nagetieren abgetrennt.

Die vorwiegend dämmerungsaktiven Hasen, die man aber auch am Tage beobachten kann, sind ausschließlich Pflanzenfresser.

Das **Eichhörnchen** (*Sciurus vulgaris*) kommt in zwei Farbvarianten mit allen Übergängen beinahe flächendeckend in der Sächsischen Schweiz vor. Der Ansicht von MÄRZ (1957), daß die schwarzbraune Form mehr den Fichtenwald bewohnt und die rotbraune den Laubwald bevorzugt, kann nicht gefolgt werden. Schaut man sich die Verbreitung beider Farbvarianten an, so mischen sich die zwei Formen auf engstem Raum und dies im gesamten Untersuchungsgebiet. Dabei werden schwarzbraune Eichhörnchen etwa 30 % häufiger in der Sächsischen Schweiz beobachtet als rotbraune.

Einmal ist ein Kobel, so nennt man das Eichhörnchennest, in einer Felsspalte an der Bastei gefunden worden und in Sebnitz wurde ein besetzter Kobel in einer alten Hausmauer festgestellt. In der Regel befinden sich diese weit oben und versteckt im Geäst der Bäume.

Biber an der Elbe bei Königstein-Halbestadt 2002

Der Bestand des **Elbe-Bibers** (*Castor fiber albicus*) hat infolge zahlreicher und langwährender Schutzmaßnahmen in den vergangenen Jahrzehnten kontinuierlich zugenommen und den gesamten Elblauf in großen Teilen wiederbesiedelt.

Noch in den Lokalfaunen von FÖRSTER (1938) und MÄRZ (1957) rangiert der Biber unter den „Ausgestorbenen Säugern" bzw. unter „Chronik". Er wurde im Mittelalter aufgrund seines wohlschmeckenden Fleisches als „Fastenspeise" (lebt im Wasser wie die Fische und hat einen Schwanz wie ein Fisch!), aber hauptsächlich wohl wegen seines kostbaren Felles stark verfolgt. Der Heilaberglaube des Mittelsalters, demzufolge das Bibergeil so ziemlich gegen alle Krankheiten helfen sollte, trug ebenfalls wesentlich zur Dezimierung der Biberbestände bei. Um so erfreulicher ist es, mitteilen zu können, daß der Biber nun sicher seit dem Ende der 1990er Jahre das Elbtal der Sächsischen Schweiz wieder dauerhaft bewohnt. Nachdem 1722 der letzte Biber oberhalb von Herrnskretschen erlegt worden war, erschien 1936 ein Biber bei Pirna. 1967 wurde abermals ein Tier vom Fährmann in Herrnskretschen erschlagen.

1979 schließlich siedelte sich der Elbe-Biber an der unteren Wesenitz bei Pratzschwitz an. Anfang der 1990er Jahre gelangen mehrere Beobachtungen im böhmischen Teil des Elbtales bei Niedergrund / Dolní Žleb, wo die Auenstruktur deutlich besser ausgeprägt und damit als Lebensraum für den Biber geeigneter ist als auf sächsischer Seite.

Die aktuellen Nachweise verteilen sich entlang der gesamten Elbe, wobei eine Häufung im Königsteiner – Bad Schandauer Raum zu verzeichnen ist. Mindestens zwei Tiere siedeln hier und haben zum Teil ein erstaunlich vertrautes Verhalten, so daß man sie aus geringer Entfernung beobachten kann, was sie nicht zu stören scheint. Vorkommen von Jungtieren wurden aus der Sächsischen Schweiz bisher nicht bekannt, wohl aber aus der Böhmischen Schweiz, in der die Biberpopulation derzeit mit etwa 5-8 Tieren angegeben wird.

Biber-Fraßspuren bei Königstein, 2001

Vom aus Südamerika stammenden **Nutria** oder **Sumpfbiber** (*Myocastor coypus*) gelangen in neuerer Zeit mehrfach Beobachtungen in der Elbe. So in Posta, in der Elblache Strand, an der Lachsbachmündung bei Rathmannsdorf und am Elbufer in Krippen. Es scheint, daß der gesamte Elbelauf von Einzeltieren besiedelt wird. Die Tiere sind vielfach Farmflüchtlinge, seit 1990 gab es wahrscheinlich mehrfach illegale Aussetzungen. Die dämmerungsaktiven und amphibisch lebenden Tiere besiedeln die Uferzonen unserer Bäche und Flüsse.

Die **Schläfer**, in heimischer Landschaft auch Bilche genannt, bilden innerhalb der Nagetiere eine eigene Familie. Von den vier in Deutschland vorkommenden Arten sind drei auch in der Sächsischen Schweiz zu Hause.

Die Schläfer gehören weniger auf Grund ihrer Seltenheit als vielmehr durch ihre heimliche Lebensweise zu den weithin unbekannten Tierarten. Dies hat seine Ursache in ihrer vorwiegend dämmerungs- und nachtaktiven Lebensweise und ihrem sechs bis acht Monate (!) währenden Winterschlaf. So konzentriert sich das gesamte Fortpflanzungsgeschehen der Schläfer auf nur wenige Monate im Jahr, in denen dann auch noch genügend Fettreserven angelegt werden müssen, um die lange Zeit des Winterschlafes zu überdauern.

Neben den direkten Sichtbeobachtungen, die nicht selten in den Freiübernachtungsstellen der Bergsteiger (Boofen) getätigt wurden, verdanken wir viele Nachweise den Nahrungsanalysen (Gewölluntersuchungen) einiger Eulenarten, die neben Marder und Hermelin die natürlichen Feinde der Schläfer sind. Hier in der Sächsischen Schweiz ist es vor allem der Waldkauz, der verschiedene Bilche auf seiner Beuteliste hat.

Der nicht ganz rattengroße **Gartenschläfer** (*Eliomys quercinus*), der durch seine lebhafte Gesichtszeichnung auffällt, ist derzeit die seltenste Schläferart in der Hinteren Sächsischen Schweiz.

Außer den Vorkommen in der Sächsischen Schweiz besaß der Gartenschläfer in Sachsen nur noch eine kleine Population im Westerzgebirge. Im Elbsandsteingebirge sind seine Vorkommen deutlich an Felshabitate gebunden. In der Sächsischen Schweiz wurde der Gartenschläfer in Höhenlagen von 170 m (Polenztal) bis 540 m (am Großen Zschirnstein) festgestellt.

Die meisten Beobachtungen lassen den Schluß zu, daß der Gartenschläfer bei uns weitgehend als Boden-(Fels-)bewohner auftritt, es wurden aber auch Nachweise am Tanzplan / Tanečnice und Unger aus Fichtenwäldern bekannt (Stiehler 1911). In neuerer Zeit ist die Art auch im Lausitzer Gebirge / Lužické hory am Tannenberg / Jedlová (774 m) nachgewiesen worden.

In den letzten dreißig Jahren ist bei dieser Art ein deutlicher Bestandsrückgang festzustellen. Neben Sichtbeobachtungen werden vor allem Nahrungsanalysen typischer Arten, wie z.B. vom Waldkauz, zur Bestandsanalyse genutzt. So ist in einer Nahrungsanalyse des Waldkauzes, die in den Jahren 1932 bis 1951 an 31 Waldkauzplätzen vorgenommen wurde, der Gartenschläfer mit 20 Nachweisen noch häufiger als der Siebenschläfer, der mit 18 Tieren auf der Beuteliste erscheint. Bei neueren Untersuchungen überwiegt der Siebenschläfer deutlich. Auf immerhin 102 Nachweise des Siebenschläfers kommt nur ein einziger Gartenschläfernachweis.

Insgesamt konnte der Gartenschläfer in der Sächsischen Schweiz seit 1990 nur noch an sechs Stellen nachgewiesen werden. In der Vorderen Sächsischen Schweiz konnte seit Anfang der 1950er Jahre trotz intensiver Befragung kein Nachweis des Gartenschläfers mehr erbracht werden, so daß

Gartenschläfer fallen durch eine lebhafte Gesichtszeichnung auf. Diese Aufnahme entstand 1998 im Bielatal.

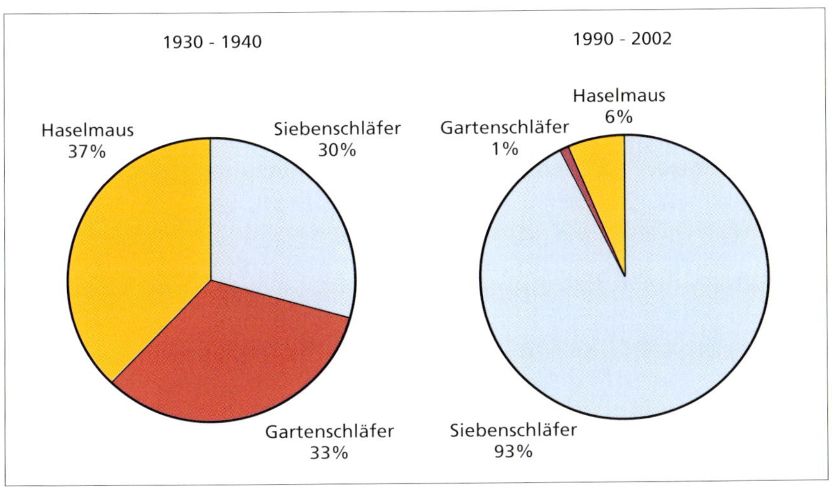

Prozentuale Häufigkeit der drei in der Sächsischen Schweiz beheimateten Schläferarten aus Untersuchungen der Jahre 1932-51 und von 1990-2002

man davon ausgehen muß, daß er hier ausgestorben ist. Die Gründe für diesen Rückgang sind ungenügend analysiert, sie können sowohl nahrungsökologisch (Verarmung der Insektenfauna), aber auch durch innerartliche Konkurrenz mit dem Siebenschläfer bedingt sein.

Der Gartenschläfer gilt auch in seinem übrigen Verbreitungsgebiet als Kulturfolger und wird im Winter manchmal an und in Gebäuden angetroffen. Seine aus Gras und Moos bestehenden Nester befinden sich gut verborgen in Felsspalten und -höhlungen und sind selten zu finden. Jahreszeitliche Erstbeobachtungen von Tieren wurden Anfang Mai (9. Mai), letzte Mitte Oktober (14. Oktober) bekannt, so daß die Winterschlafzeit in der Sächsischen Schweiz etwa von Ende Oktober bis Ende April dauern wird.

Die selten bekannt gewordenen Reproduktionsnachweise lassen auf eine Wurfzeit Mitte Juli schließen, die Jungen waren in einem Fall noch bis Oktober im Revier. Die Jungenanzahl des in der Regel wohl einen Wurfes im Jahr betrug nur 2-3 Tiere.

Wenig kann man zur Ernährung des Gartenschläfers im Elbsandsteingebirge sagen. Wie eigene Beobachtungen und Untersuchungen gezeigt haben, ist der Gartenschläfer ein Allesfresser, der sich von allerlei Kleintieren wie z. B. Käfern, Spinnen und Schnecken, aber auch von pflanzlicher Nahrung wie Früchten und Samen ernährt.

Bei einem Todfund in den Affensteinen fanden sich im Magen folgende Nahrungsreste: ein Samenrest, mindestens zwei Schmetterlingsraupen, ein Rüsselkäfer, ein anderer Insektenrest (Wanze?) und ein Laubmoosrest. Eine Bevorzugung tierischer Nahrungsbestandteile konnte bei jungen Gartenschläfern ebenfalls beobachtet werden.

Die Tiere sind untereinander ziemlich unverträglich, bei der Nahrungsaufnahme werden die Jungtiere oft von den Alttieren gebissen und vertrieben.

Siebenschläfer bei Lichtenhain, 2001

Der im Vergleich zum Gartenschläfer etwas größere **Siebenschläfer** (*Myoxus glis*) zeichnet sich durch sein weiches, oberseits aschgraues und unterseits weißes Fell und seinen beinahe körperlangen, buschigen Schwanz aus.

Er ist in der Sächsischen Schweiz weit verbreitet und besitzt in Sachsen noch aktuelle Vorkommen südöstlich von Leipzig, im Elbtal und in der südlichen Westlausitz bis hin zum Czorneboh.

Seine Vorkommen sind in der Regel an klimabegünstigte Laub- und Mischwälder (Eiche) des Tief- und Hügellandes gebunden; Beobachtungen in höheren Lagen wie auf dem Großen Winterberg (560 m) oder in der Oberlausitz auf dem Valtenberg (589 m) und dem Czorneboh (561 m) stellen deshalb eine Besonderheit dar.

Diese Laubwald-Habitate entsprechen den arttypischen Lebensanforderungen des Siebenschläfers, der in Bunt- oder Schwarzspechthöhlen spät im Jahr seine Jungen zur Welt bringt. Die in diesen Waldgesellschaften reicher vorhandenen Waldfrüchte sind für den Siebenschläfer nahrungsökologisch bedeutsam.

In den letzten zwei Jahrzehnten hat der Siebenschläfer in der Hinteren Sächsischen Schweiz eine bemerkenswerte Erweiterung seines Verbreitungsgebietes in östlicher Richtung erfahren. War er bekannten und um die Kenntnis der Schläfer bemühten Faunisten wie R. Zimmermann und R. März noch in den 1950er Jahren nur bis zum Großen Winterberg bekannt, so ist er in den letzten Jahren nicht selten weit östlich davon beobachtet worden (Raumberg, Christelschlüchte, Hinterhermsdorf). Auch berichteten ältere Bergsteiger mehrfach, daß bis etwa 1975 in den Boofen der Hinteren Sächsischen Schweiz nur der Gartenschläfer vorkam.

Das Vordringen des Siebenschläfers könnte eine Ursache für den offensichtlichen Rückgang des Gartenschläfers sein. Jahreszeitliche Erstbeobachtungen von Siebenschläfern wurden bisher in der Sächsischen Schweiz nicht vor Anfang Juni (3. Juni) bekannt, die späteste Beobachtung wurde Mitte Oktober (10. Oktober) getätigt. Man kann davon ausgehen, daß der Siebenschläfer in der Sächsischen Schweiz im Durchschnitt etwa acht Monate (etwa Mitte Oktober bis Anfang/Mitte Juni) Winterschlaf hält. Die Überwinterung erfolgt in der Regel in Felshöhlen und -spalten, in selbstgegrabenen Erdhöhlen sowie in Dachböden von Gebäuden. Hin und wieder wurden auch Überwinterungen in Baumhöhlen bekannt.

Die für die Paarungs- und Ranzzeit typischen Pfeiflaute sind häufig Mitte Juli zu hören. Siebenschläferwürfe konnten frühestens Ende Juli, häufig jedoch erst ab Mitte August und auch noch im September gefunden werden. Die Jungenzahl betrug in der Regel vier bis sechs, in guten Jahren wurden aber auch mehrfach 7 und 8 Junge gefunden.

Im Gegensatz zum Allesfresser Gartenschläfer bilden beim Siebenschläfer vorwiegend Pflanzen und deren Früchte die Nahrungsgrundlage. Neben den Früchten von Haselnuß, Ahorn und Rotbuche sind die von Trauben- und Stieleiche bedeutsam. Auch Obst sowie reife Brom-, Him-, und Heidelbeeren werden gern aufgenommen.

Junge Siebenschläfer mit Alttier, 2001

Allgemein kann festgestellt werden, daß der Siebenschläfer in der Sächsischen Schweiz besonders im Elbtal und in der Vorderen Sächsischen Schweiz häufig und in Ausbreitung begriffen ist und die ihm zusagenden Lebensräume weitgehend besiedelt, wobei er neben den oben genannten Laubwäldern auch in den Siedlungen sowie Berggaststätten oder Forsthäusern nicht selten ist. Anfang der 1980er Jahre kamen Sieben- und Gartenschläfer gemeinsam in der bekannten Boofe „Villa Fernblick“ in den Thorwalder Wänden vor, erschienen aber am Abend zu unterschiedlichen Zeiten.

Die **Haselmaus** (*Muscardinus avellanarius*) ist unsere kleinste Schläferart und hat mit 8 cm etwa die Größe einer Hausmaus.

In Sachsen ist die Haselmaus entlang der Mittelgebirge von der Lausitz über das Elbsandsteingebirge bis hin zum Erzgebirge verbreitet. Die Populationsdichte ist in dem weiten Verbreitungsgebiet allerdings meist gering, unterliegt großen Schwankungen und umfaßt in vielen Bereichen nur wenige Tiere.

Die Haselmaus ist in der Sächsischen Schweiz ein Bewohner recht unterschiedlicher Lebensräume. So besiedelt sie lichte Laub- und Nadelwälder in verschiedenen Höhenlagen, aber auch Feldgehölze und Gebüsche.

Die kleinste Schläferart der Sächsischen Schweiz, die Haselmaus

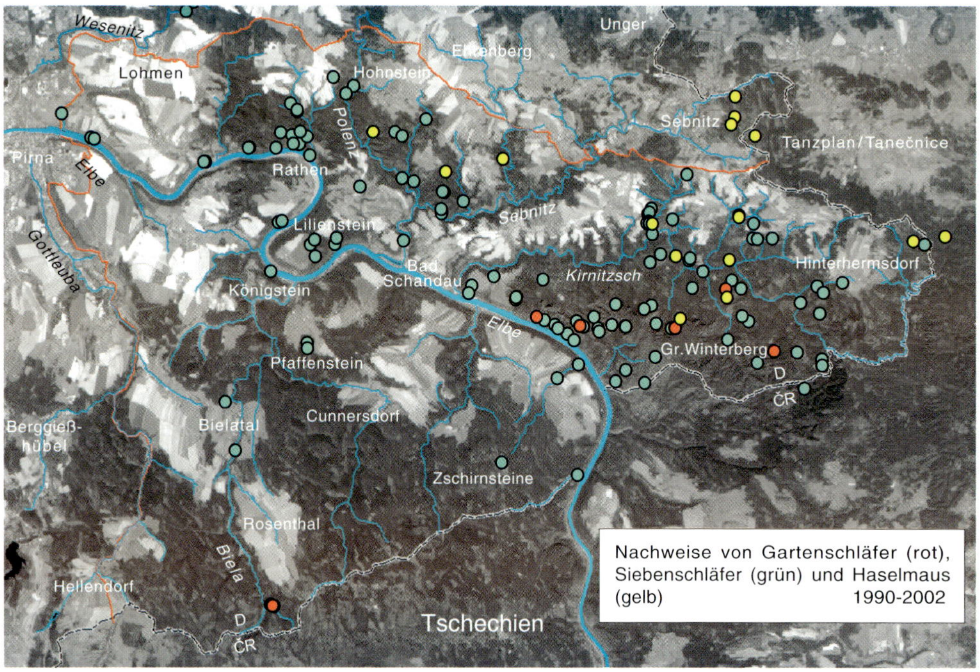

Auf der Beuteliste des Waldkauzes taucht sie bei März (1954) noch mit 25 Funden auf, bei neueren Untersuchungen ist sie heute nur noch siebenmal als Beutetier vertreten. Die wenigen Nachweise sind wahrscheinlich nicht Ausdruck ihrer Seltenheit als vielmehr der Tatsache geschuldet, daß die Haselmaus im Gegensatz zu den beiden anderen Schläferarten kein Kulturfolger ist und somit auch seltener direkt vom Menschen beobachtet wird.

In den weiten linkselbischen Wäldern wurde die Haselmaus bisher noch nicht beobachtet, wobei zu vermuten ist, daß sie auch hier vorkommt, zumal Förster (1938) von einem Vorkommen zwischen

Zschirnstein und Katzstein berichtete. Die meisten Beobachtungen und Reproduktionsnachweise der Haselmaus wurden bei der Kontrolle von Nistkästen getätigt. Die Wurfzeit scheint demnach erst im Juli und August, aber auch noch im September zu liegen. Noch im September und Oktober (!) wurden kleine Jungtiere in den Quartieren (Nistkästen) angetroffen. Die Jungenzahl betrug zwei bis vier.

Haselmäuse wurden nach Beendigung ihres Winterschlafes schon Ende April festgestellt, die spätesten Beobachtungen erfolgten Ende September. Auf Grund der wenigen Angaben kann man keine sichere Winterschlafzeit für das Gebiet angeben. Die Überwinterung erfolgt häufig in Nistkästen und Baumhöhlen. Nur selten wurden die kugeligen und kunstvoll gefertigten Grasnester gefunden, die von den Tieren als Sommerquartier genutzt werden.

Die Haselmaus ernährt sich vorwiegend vegetarisch, neben Samen und Früchten (Eicheln, Bucheckern, Haselnüssen und Brombeeren) sind zeitweise auch Insekten und deren Larven als Nahrungskomponenten bedeutsam.

Bei den **Mäusen** unterscheidet man zwei Familien: einmal die **echten Mäuse** (*Muridae*) und zum anderen die **Wühlmäuse** (*Arvicolidae*).

Bei der Erforschung ihrer Verbreitung im Gebiet helfen in nicht unerheblichem Umfang die Gewölle der Greifvögel und Eulen, auf deren Beutelisten die Mäuse weit oben rangieren. Bereits H. Förster schreibt dazu im Jahr 1938:

„Inwieweit sie über das Elbsandsteingebirge verbreitet sind, entzieht sich z.T. vorläufig noch unserer Kenntnis. Wir hoffen bei Lösung dieser Frage auf tatkräftige Mithilfe der - - - Eulen, die bekanntlich gleich den Raubvögeln unverdaute Beutereste wie Knochen, Haare, Federn u.ä. auswürgen.

Untersuchungen solcher Gewölle - ... - förderten schon manchen wichtigen Fund zutage und verschafften uns so nicht nur einen genauen Einblick in die Speisekarte der Räuber, sondern ergänzten gleichzeitig unser Wissen über Vorkommen und Verbreitung einzelner ihrer Opfer in hervorragender Weise, zeitigten damit Ergebnisse, die bisher allen anderen Forschungswegen versagt geblieben waren."

Die **echten Mäuse**, auch als Langschwanzmäuse bezeichnet, zu denen auch die Ratten gehören, haben lange, dünne und meist nackte oder kaum behaarte Schwänze. Sie sind weniger an eine unterirdische Lebensweise angepaßt als die Wühlmäuse, springen und klettern aber sehr gut. Ohren, Augen und Hinterfüße sind relativ groß, ihre Backenzähne besitzen Wurzeln. Die Tiere halten keinen Winterschlaf.

Die häufigste und in der Sächsischen Schweiz weit verbreitete Art ist die überaus hübsche und niedliche **Gelbhalsmaus** (*Apodemus flavicollis*), die früher nicht von der **Waldmaus** (*Apodemus sylvaticus*) unterschieden wurde (z.B. bei Michel 1929) und daher vielfach als Waldmaus bezeichnet wurde. Sie ist etwas größer als die Waldmaus, besitzt ein rotbraun gefärbtes Fell, ihre scharf abgesetzte Unterseite ist reinweiß mit einem gelbbraunen Brustfleck. Die graubraune Waldmaus ist etwas kleiner und hat einen verwaschenen Übergang vom Rückenfell zur Bauchseite.

Das Vorkommen der Gelbhalsmaus ist meist an eine Deckung gebunden, und sie kommt im Gegensatz zur „Waldmaus" im Wald, in Gebüschen, Feldgehölzen, Waldrändern, aber auch im Offenland vor, die Waldmaus aber fast ausschließlich auf dem Felde.

Von der Gelbhalsmaus wurden seit 1990 über 320 Nachweise festgestellt, die sich gleichmäßig über die gesamte Sächsische Schweiz verteilen, die Waldmaus wird im gleichen Zeitraum nur 46mal festgestellt und hier meist als Gewöllfund beim Waldkauz.

Die überwiegend in den Agrargebieten mit ihren Feldern, Wiesen und Gehölzen verbreitete **Brandmaus** (*Apodemus agrarius*) ist durch einen schwarzen Rückenstreifen deutlich von den beiden oben genannten Arten zu unterscheiden.

Die Brandmaus ist nicht sehr häufig, und es wurden seit 1990 nur 30 Nachweise bekannt, die sich verstreut über das gesamte Gebiet verteilen. Eine gewisse Häufung finden wir im Elbtal, wo sie mehrfach auch in den Siedlungen nachgewiesen wurde, z. B. in Bad Schandau, Postelwitz, Königstein und in Stadt Wehlen.

Die selten zu beobachtende, nur 5 bis 7 cm große **Zwergmaus** (*Micromys minutus*) ist als Halmkletterer auf Lebensräume mit hohen Gräsern und dichter Bodenvegetation angewiesen, worin sie ihre kunstvollen Grasnester baut.

Die Art ist in der Sächsischen Schweiz selten und sowohl Förster (1938) wie März (1957) wissen kaum etwas von ihr zu berichten. Auch in den vergangenen Jahren sind nur wenige Nachweise bekannt geworden. 1971 wurde sie in einem Gewöll der Schleiereule in der Kirche in Bad Schandau festgestellt und 1999 in einem Waldkauzgewöll bei Königstein. Im Kirnitzschtal wurde 1994 die Zwergmaus an der Lichtenhainer Mühle und 1999 im Sebnitztal im Krauschegraben gefangen. Im Jahr 2002 wurden Nester der Zwergmaus in der Ufervegetation der Elbe am Bahnhof Bad Schandau und im Flächennaturdenkmal Hilles Löcher bei Königstein gefunden. Man kann also davon ausgehen, daß die Zwergmaus im Elbtal und in den Nebentälern wohl nicht so selten ist, wie es uns die wenigen Beobachtungen weismachen wollen.

Ebenfalls selten und nicht mehr wie früher flächendeckend anzutreffen ist die **Hausmaus**, die hier in ihrer östlichen Unterart (*Mus musculus musculus*) vertreten ist. Die wenigen Nachweise der letzten 12 Jahre, nur 27 an der Zahl, finden sich zerstreut über die gesamte Sächsische Schweiz verteilt, wobei eine leichte Häufung im Elbtal zu verzeichnen ist. Hier werden besonders noch bäuerliche Strukturen mit Futterscheunen gesucht, wo die Hausmaus gern und bis zu viermal im Jahr ihre Gehecke großzieht.

Ein fast von jedermann verschmähtes und geächtetes Tier ist die feuchtigkeitsliebende **Wanderratte** (*Rattus norvegicus*). Diese aus Nordostasien stammende Rattenart kommt dabei meist in der Nähe von menschlichen Siedlungen in Kellern, Ställen, Müllplätzen und in der Kanalisation vor. Hier kann es vorkommen, daß an Nahrungs- und Futtermitteln, aber auch durch die Übertragung von Krankheiten Schäden entstehen. Dennoch sind ihre konkreten Nachweise (35 seit 1990) nicht so häufig wie ihr schlechter Ruf es erwarten läßt. Regelmäßig taucht sie beim Uhu auf der Beuteliste auf, aber auch hier ist sie mit dem Verschwinden der vielen wilden Mülldeponien hinter den Dörfern mittlerweile selten geworden.

Hausmaus

Noch deutlich seltener als die Wanderratte ist die etwas kleinere und mit nur ganz wenigen Fundorten belegte **Hausratte** (*Rattus rattus*), die im Gegensatz zur Wanderratte trokkene Biotope bevorzugt. Förster (1938) kennt sie nicht, März (1957) gibt sie vom Forsthof Sellnitz am Lilienstein an, wo sie 1950 und 1951 in Gewöllen beim Waldkauz auftaucht. Weiterhin erwähnt er die Hausratte vom Speicher Prossen. Im Elbtal wurde die Hausratte 1971 als Gewöllfund bei der Schleiereule in Bad Schandau und 1999 beim Waldkauz in der Nähe von Königstein nachgewiesen. Man kann also davon ausgehen, daß einzelne Tiere bzw. eine kleine Population der Hausratte zumindest noch im Elbtal vorkommt.

Erst seit einigen Jahrzehnten ist der **Hamster** (*Cricetus cricetus*) in die Liste der ausgestorbenen Säugetiere einzureihen. Das streng an die Agrarlandschaft gebundene Nagetier hatte früher in der Struppener und Lohmener Ackerflur seinen Verbreitungsschwerpunkt. Seit den 1930er Jahren gab es eine Ausweitung auf die Rathewalder Flur. Regelmäßig tauchte hier der Hamster als Beutetier beim Uhu auf, so 1933 und 1934 mit je vier und 1935 mit zwei Tieren. Eine ganze Reihe weiterer Vorkommen zwischen 1940 und 1950 in Zeschnig, Hohburkersdorf, Heeselicht, Lohmen und Dorf Wehlen nennt GRAF (1994) in seiner Arbeit über die erloschenen Feldhamstervorkommen. Letzte Nachweise finden sich auf der Fläche des Neubaugebietes in Pirna-Copitz, wo noch zwischen 1972-74 mehrere Hamster gefangen wurden (A. KUNZMANN, persönliche Mitteilung). Die Ursache für das in den 1950er Jahren weiträumige Erlöschen der Hamsterpopulation liegt in der Intensivierung der Landwirtschaft und dem damit verbundenen Tiefpflügen, dem Verschwinden der Feldraine sowie der Chemisierung der Schädlingsbekämpfung.

Die Familie der **Wühlmäuse** ist eine von den Hamsterartigen abstammende Nagetiergruppe, die mit sechs Arten vertreten ist. Ihre Backenzähne sind nachwachsend und somit an die ausschließlich pflanzliche Nahrung angepaßt. Sie sind überwiegend Bodentiere mit meist unterirdischer Lebensweise, was sich in gedrungenen Gliedmaßen, kurzen Ohren und Schwanz äußert. Einige Arten besitzen eine sehr hohe Fortpflanzungsrate und neigen zu zyklischer Massenvermehrung.

Die 1905 südwestlich von Prag, im Schloßpark von Dobřisch in vier Paaren ausgesetzte und ursprünglich aus Nordamerika stammende **Bisamratte** (*Ondatra zibethicus*) hat sich im vergangenen Jahrhundert auf Grund ihrer hohen Anpassungsfähigkeit schnell in ganz Deutschland verbreitet. In Sachsen wurden die ersten Funde 1917 bei Crottendorf und Grumbach im Erzgebirge gemacht (ZIMMERMANN 1934). 1920 wurde sie am Südrand der Böhmischen Schweiz bei Neuohlisch / Nová Oleška beobachtet und 1924 bei Eiland / Ostrov (FÖRSTER 1938).

Die Bisamratte ist eng an Gewässer aller Art gebunden, wo sie durch ihre Grabtätigkeit und Baue bisweilen wasserwirtschaftlichen Schaden anrichten kann. Trotz energischer Bekämpfung nahm die Population in der Anfangszeit beständig und schnell zu. „**1906: 8 Tiere, zwei Jahrzehnte später wird trotz rücksichtsloser Verfolgung das Tausendfache an Nachkommen allein in Sachsen festgestellt. Das ist Fruchtbarkeit!**" schreibt FÖRSTER 1938.

In der Sächsischen Schweiz ist die Bisamratte regelmäßig an den Gewässern nachzuweisen, besonders an Elbe, Polenz, Sebnitz und Kirnitzsch ist sie vertreten. Auch taucht sie hier als Beute beim Uhu auf. Sogar am entlegenen Fuchsteich und am Taubenteich wurde sie in den 1990er Jahren beobachtet.

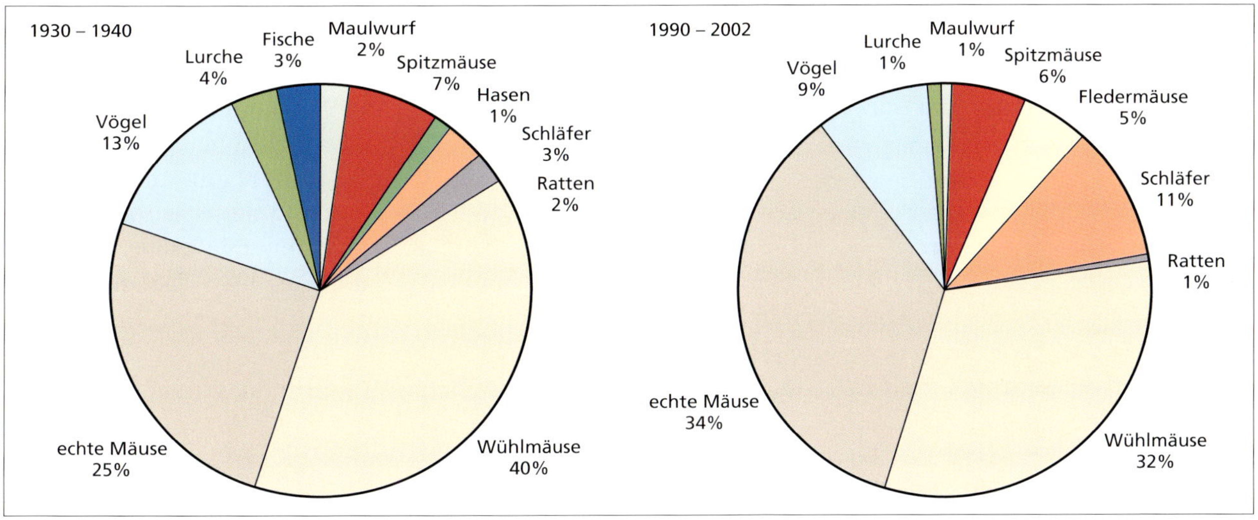

Vergleich des Nahrungsspektrums des Waldkauzes zwischen den 1930er Jahren und heute

Eine verbreitete Art ist die **Rötelmaus** (*Clethrionomys glareolus*), auch Waldwühlmaus genannt. Die auf der Oberseite rötlich gefärbte Art besiedelt unterholzreiche Wälder und Gehölze und kommt im gesamten Gebiet vor. Als fast reine Waldart bevorzugt sie Biotope mit einer gewissen Bodenfeuchtigkeit, kann aber auch in Wiesen und kleinen Gehölzstreifen vorkommen. An ihrer Häufigkeit scheint sich in den letzten fünfzig Jahren wenig geändert zu haben, was an der Beuteliste des Waldkauzes abzulesen ist, wobei festzuhalten ist, daß der Waldkauz als Nahrungsgeneralist die Verbreitungssituation der Kleinsäuger wohl relativ unbestechlich widerspiegelt.

Die fast rattengroße und sehr dunkel gefärbte **Schermaus** (*Arvicola terrestris*), früher auch Mollmaus genannt, ist ein häufiger Nager an Gewässern aller Art. Sie ist sehr anpassungsfähig und besiedelt neben Feuchtbiotopen auch trockene Standorte wie Wiesen und Felder. Diese in den letzten Jahrzehnten doch häufiger gewordene Art kommt in der gesamten Sächsische Schweiz vor und ist nicht selten Beute von Uhu und Waldkauz.

Als eine Besonderheit ist das vereinzelte Vorkommen der nur lokal verbreiteten **Kleinäugigen Wühlmaus** (*Microtus subterraneus*) zu werten. FÖRSTER (1938) kennt die Art noch nicht, vermutet sie aber in der Sächsischen Schweiz und MÄRZ (1957) stellt fest, daß die Art nur im Granitbereich vorzukommen scheint und gibt Beobachtungen von Sebnitz, Hainsbach/Lipová und dem Tanzplan/Tanečnice an. In den letzten Jahren konnte die seltene Wühlmausart an einer Reihe von weiteren Orten durch Fänge nachgewiesen werden. So kommt sie im unteren Schwarzbachtal vor, im Sebnitztal und im Kirnitzschtal an der Lichtenhainer Mühle sowie in der Böhmischen Schweiz bei Khaa/Kyjov.

Die Biotope sind meist abwechslungsreiche und hängige Wald- und Wiesenbereiche, die an den Nebenflüssen der Elbe im Gebiet noch häufig anzutreffen sind. Die Kleinäugige Wühlmaus, die auch als Kurzohrmaus bezeichnet wird, scheint in einem gewissen Konkurrenzverhältnis zur Feldmaus zu stehen, wo die eine Art fehlt oder selten ist, kommt häufig die andere vor.

Die meist feuchtere Biotope wie Naßwiesen, Sümpfe und feuchte Waldwiesen besiedelnde **Erdmaus** (*Microtus agrestis*) kommt im gesamten Gebiet nicht selten vor. Ihr Vorkommen ist häufig an eine dichte Vegetation gebunden. Sie taucht regelmäßig auf den Beutelisten von Waldkauz und Uhu auf, ist jedoch in den letzten Jahrzehnten nur noch halb so häufig nachzuweisen.

Ein ebensolcher Rückgang läßt sich bei der einst so häufig vorkommenden **Feldmaus** (*Microtus arvalis*) feststellen (siehe auch Grafik auf der vorigen Seite). Im offenen Gelände siedeln die Feldmäuse in der Sächsischen Schweiz vor allem in der Agrarflur, in trockenen Wiesen, in Siedlungen und lichten Wäldchen und sind über das ganze Gebiet verbreitet.

Der **Feldhase** (*Lepus europaeus*) war früher weitverbreitet und allgegenwärtig, wie noch STIEHLER (1911), FÖRSTER (1938) und MÄRZ (1957) berichten, doch davon kann schon lange nicht mehr die Rede sein. FÖRSTER erwähnt noch 12600 Abschüsse während dreier Jahre! Auch wenn die Verbreitungs-

Der früher weit verbreitete Feldhase wurde immer seltener.

karte des Hasen noch eine hohe Anwesenheit der Art vortäuschen sollte, verrät uns deren genauere Betrachtung eine ganz andere Situation. In den großen Agrarbereichen fehlt der Hase oder ist nur noch selten, um so häufiger ist er mittlerweile als „Buschhupper" in den Waldbereichen anzutreffen.

Besonders seit den siebziger und achtziger Jahren des 20. Jahrhunderts setzte ein dramatischer Rückgang beim Feldhasen ein. Die Ursachen für den Rückgang sind vielfältig, so sind die veränderten Produktionsmethoden in der Landwirtschaft, die Beseitigung von Hecken, Feldrainen, die Verwendung schnellerer Maschinen, das Pflügen der Äcker vor dem Winter und die damit nicht vorhandene Vegetation, aber auch der drastisch gestiegene Verkehr und der generelle Lebensraumverlust durch Siedlungserweiterungen die gravierendsten Ursachen.

Ob die hohen Fuchsdichten ab den 1990er Jahren durch Tollwutimmunisierung eine Rolle im neuerlichen Rückgang des Feldhasen spielen, muß noch offen bleiben.

Sicherlich sind aber die allgemeinen Störungen in der Landschaft durch eine viel höhere Anwesenheit des Menschen, durch ein dichteres Wege- und Straßennetz nicht zu unterschätzen, bedeutet doch jede Störung ein Aufschrekken und Flüchten des Hasen und damit einen nicht zu unterschätzenden Energieverlust.

Die noch geringfügig auf Hasen stattfindende Jagd wird möglicherweise weniger durch die Entnahme von Tieren schädlich sein, sondern vielmehr werden die durch die Jagd verbundenen Störeffekte und Energieverluste für die Art eine Gefährdung darstellen.

Nicht umsonst ist der Feldhase mittlerweile in der Roten Liste als gefährdet eingestuft, sowohl in ganz Deutschland als auch in Sachsen.

Das **Wildkaninchen** (*Oryctolagus cuniculus*) kann nun schon seit einer Reihe von Jahren in der Sächsischen Schweiz als ausgestorben gelten. Die Vorkommen des aus Spanien und Nordwestafrika stammenden Nagers sind erst seit dem 19. Jahrhundert belegt und wohl erst seit seiner zweiten Hälfte erfolgte eine intensivere Ausbreitung oft an den Bahndämmen (Elbtal) entlang. STIEHLER (1911) berichtet bereits glaubwürdig von Wildkaninchen auf Sebnitzer Fluren am **„Hammerberg und bei Hessens Busch sowie auf der Pferdkoppe am Wege nach dem Tanzplan"**.

Das Wildkaninchen taucht dann in den 1930er Jahren als Uhu- bzw. Waldkauzbeute in Rathen, Uttewalde, Sebnitz, Hinterhermsdorf und Lichtenhain auf. Im Staatsforstbezirk Lohmen wurden zwischen 1924 bis 1933 (außer 1930) immerhin 2708 Wildkaninchen erlegt (GRAF 1995). Besonders die Kaninchenseuche Myxomatose lichtete die in den 1920er und 1930er Jahren nicht kleinen Wildkaninchenbestände auf, so daß ab 1940 kaum noch Nachweise vorliegen. Nur hin und wieder erbeutet der Uhu ein entlaufenes Hauskaninchen.

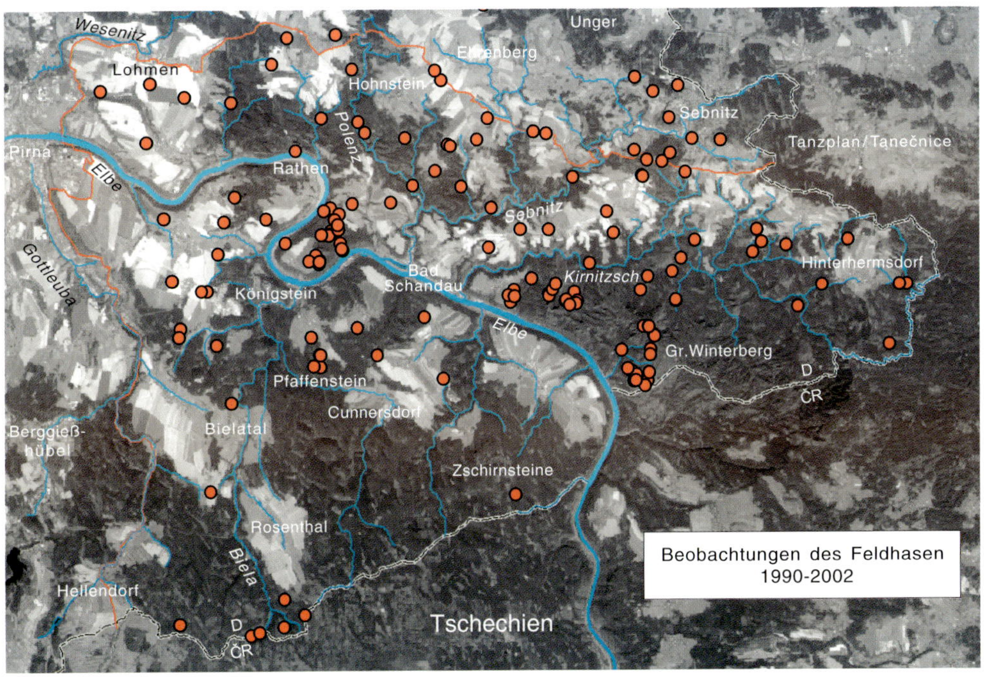

Beobachtungen des Feldhasen
1990-2002

Raubsäuger

Die Tierarten dieser Ordnung haben ein hochentwickeltes, großes und stark gefurchtes Gehirn. Ihre Füße besitzen Krallen. Sie sind Allesfresser, wobei reine Fleisch- oder Fischfresser ebenfalls vorkommen. Das Gebiß ist an die Fleischnahrung angepaßt, die Kaufunktion tritt gegenüber anderen Aufgaben, wie dem Packen und Zerreißen der Beute deutlich zurück. Besonders die Eck- oder auch Fangzähne sind stark entwickelt. Die Reißzähne (der letzte obere Vorbackenzahn oder erste Backenzahn) besitzen eine schneidende Krone. Der Geruchs- und Gehörsinn sind sehr gut entwickelt, viele Arten sind spielfreudig und zu vielfältigen Lautäußerungen in der Lage.

Der früher wohl nicht seltene **Wolf** (*Canis lupus*) kann nun schon seit langer Zeit als ausgestorben gelten. In der Nähe der Niedermühle, nur wenige Meter jenseits der Landesgrenze, steht am blau markierten Wanderweg auf böhmischer Seite die Wolfstafel mit folgender Inschrift:

„Der Forstmeister Hanß grohman bin ich genant / in meiner Jugendt bin ich gewesen in diesen / Wäldern wohl bekandt, ich bin Darein / gegangen Gantz unverdrossen undt hab / in aller Eyl untter diesen stein Zwey wölffe / geschossen, bis Entlich der Todt ist komen u / hat mich von dieser weldt genomen. der du / triets zu diesen stein, sage Gott laß ruhen die Seele / sein geschehen in Jahr christi 1640. / Renivira lassen 1747 die Rosina grohmann.“

Der Felsblock mitsamt der originalen Wolfstafel von 1640 wurde leider bei Sprengarbeiten zum Forstwegebau zerstört, doch erfreulicherweise wurde die Tafel 1996 auf Initiative von Karl Stein aus Biela/Bělá bei Tetschen/Děčín nachgebildet und aufgestellt.

Um diese Zeit war in der Sächsischen Schweiz das Schicksal des Wolfes, der nach dem Dreißigjährigen Krieg einer enormen Verfolgung ausgesetzt war, schon besiegelt. Allein auf 7000 erlegte Tiere belief sich die Jagdstrecke der sächsischen Kurfürsten im 17. Jahrhundert ! Nur in der Lausitz und dem Erzgebirge traf man um diese Zeit noch Wölfe regelmäßig an.

Die Wolfstafel an der Grenze bei Hinterhermsdorf

Infolge der Wildarmut in den Wäldern vergriff sich der Wolf häufig an Haustieren, die zu damaliger Zeit noch im Walde gehalten wurden und für den Besitzer einen sehr hohen Wert darstellten, so daß sich die intensive und grausame Verfolgung bis zu einem gewissen Grade nachvollziehen läßt. Noch 1693 hat **„Ein Mann Hanß Herbst von Schönlinde so in Kaldenberge ein Jung Wolf eingeholt und erschlag. Trinkgeld gegeben 30 Kr.“**, so in einer Rentamtsrechnung der Böhmisch Kamnitzer Herrschaft. In der Böhmischen Schweiz wurde 1723 ein Wolf am Hohen Schneeberg/Děčínský Sněžník und 1756 der letzte bei Böhmisch Kamnitz/Česká Kamenice geschossen.

Da der Wolf derzeit von Polen aus seine „alte Heimat“ wieder zu besiedeln versucht und in der Oberlausitzer Heide seit mehreren Jahren heimisch zu werden beginnt, besteht die berechtigte Annahme auf seine Rückkehr in die Sächsische Schweiz. Wie auch in anderen Ländern, müssen wir lernen, mit dieser für uns jetzt ungewohnten Art, die aber zu unserer heimischen Fauna gehört und ihre Funktion hat, auszukommen.

Der **Fuchs** (*Vulpes vulpes*) hat sich durch intensiven Jagddruck und gute Nahrungsressourcen und neuerdings durch die Tollwutimmunisierung zum häufigsten Raubsäuger entwickelt, welcher flächendeckend in hoher Dichte im gesamten Gebiet vorkommt. Diese drastisch überhöhte Fuchspopulation kann als ein Ausdruck einer gestörten Ökologie in Natur- und Landschaft gewertet werden. Nahrungs- und Reproduktionsuntersuchungen in der angrenzenden Oberlausitz ergeben eine hohe Reproduktionsrate (ANSORGE 1990). Die Parameter liegen mit über 6 Jungen pro Fähe an der oberen Grenze der Art. Ein breites und leicht erreichbares Nahrungsspektrum, welches je nach Landschaftsausstattung verschieden ist, jedoch einen hohen Anteil Haustiere und Abfälle enthält, ist die Grundlage für die große Populationsdichte des Rotfuchses, die einen für Mitteleuropa hohen Wert besitzt.

Der ursprünglich in Ostasien beheimatete **Marderhund** (*Nyctereutes procyonoides*) wurde seit Ende der 1920er Jahre im europäischen Teil der Sowjetunion erfolgreich eingebürgert und breitete sich dann rasch westwärts aus. Erste Marderhunde wurden in Deutschland ab 1965 beobachtet. Im April 1970 wurde er in der Sächsischen Schweiz nachgewiesen. Das Tier wurde in Bahra beobachtet und erschlagen (HERTEL 1970).

Wahrscheinlich abgestürztes, junges Marderhundmännchen an der Rotkehlchenstiege

Von zwei weiteren Marderhunden in der Nähe der Herrenleite bei Dorf Wehlen in den Jahren 1985 und 1989 berichtet GRAF (1990). Seit diesen Funden wurden vier weitere Beobachtungen in der Hinteren Sächsischen Schweiz bekannt. So stürzte ein noch nicht einjähriges Männchen an der Rotkehlchenstiege im Heringsgrund im Februar 1995 ab, ein gleichaltriges Jungtier wurde am Jordan in den Schrammsteinen im September 1997 geschossen. Die insgesamt sieben sicheren Marderhund-Nachweise legen die Vermutung nahe, daß sich diese Wildhundart erfolgreich in der Sächsischen Schweiz etabliert hat.

Vom nordamerikanischen **Waschbär** (*Procyon lotor*), welcher sich infolge von Aussetzungen und von aus Pelztierfarmen entwichenen Tieren mittlerweile eingebürgert hat, gelangen nur drei flüchtige Sichtbeobachtungen. So wurde im Juni 1992 ein Tier beim Überqueren der Straße am Adamsberg bei Lichtenhain beobachtet, im September 1994 ein Waschbär an der Elbe bei Halbestadt und einen Monat später ein Tier im Maisfeld am Hohburkersdorfer Rundblick.

Von den großen Raubsäugern sind zu Vorkommen und Aussterben zahlreiche Zeugnisse erhalten geblieben. So erinnern Namen wie die Bärensteine, die Bärenfangwände, das Bärenhohl oder der Bärengarten bei Hohnstein an den längst ausgestorbenen **Braunbären** (*Ursus arctos*). Der Bärengarten, der 1609 gebaut wurde, diente zur „Hälterung", vielleicht aber auch zur Zucht von Braunbären (GÖTZINGER 1804), die dann bei den Hofjagden für den Dresdener Hof benötigt wurden. Auf kurfürstlichen Befehl hin erschoß 1756 das Hohnsteiner Forstpersonal die verbliebenen Bären in dem mittlerweile baufälligen Gehege. Doch schon seit 1700 mußte August der Starke für seine Tierhatzen am Hofe auch Tiere aus Polen beziehen. Der letzte Braunbär der Sächsischen Schweiz wurde 1642 am Zeughaus gefangen. Vielleicht diente einst dazu sogar die noch heute erhaltene Bärenfanggrube am Saupsdorfer Weg, welche ein seltenes Jagddenkmal darstellt.

Auf böhmischer Seite ist bei Christianenburg / Kristin Hrádek noch 1658 ein Braunbär zur Strecke gebracht worden (MICHEL 1929). Beim Freilegen eines Felskamins in der

Wildschützenhöhle bei Elbleiten / Labská Stráň fand man im Februar 1973 den Skelettrest (Teil des Oberkiefers) eines Braunbären, der auf Anfang des 17. Jahrhunderts datiert wird (Bartá 1988).

Die Wild-Abschußlisten der Kinskyschen Herrschaft aus der Böhmischen Schweiz, welche von 1670 bis 1900 reichen, verzeichnen um diese Zeit schon keine Bären mehr, wohl aber noch zwölf Luchse und 29 Wölfe (Hyhlík 1903).

Eine mittlerweile seltene Erscheinung ist der waldbewohnende **Baummarder** (*Martes martes*), auch Edelmarder genannt, geworden. Der Baummarder besitzt, im Gegensatz zum fleischfarbenen Nasenspiegel des Steinmarders, eine dun-

Spuren des Steinmarders am Lilienstein

Der Bärenfang am Saupsdorfer Weg nahe des Zeughauses

kelbraune Nase, in der Regel einen gelblichen und ungegabelten Kehlfleck sowie ein dunkelbraunes Fell. Seine Sohlen sind stark behaart.

Bei Stiehler (1911) noch als die häufigere Marderart angegeben, wird er dagegen schon von Förster (1938) als äußerst selten und gefährdet eingestuft. Seit 1990 konnte er mit gerade mal neun Nachweisen nur noch in den Laubwäldern des Keilholzes bei Lichtenhain, in den Zeschnigleiten im Polenztal, in der Ochel, im Lohmener Wald und bei Rosenthal an der Platzheide beobachtet werden. Auch wenn uns hier und da noch geringe Vorkommen des Baummarders verborgen geblieben sein werden, zeigt dies doch die Seltenheit dieser schönen und heimlichen Marderart. Neben den in vergangenen Zeiten tierquälerischen und unwürdigen Fangmethoden durch Fangeisen ist in jüngerer Zeit der Straßentod eine ernste Gefährdungsursache für den Baummarder geworden.

Dagegen kommt der in der gesamten Sächsischen Schweiz allgemein verbreitete **Steinmarder** (*Martes foina*) regelmäßig vor allem in den Siedlungen, aber auch in der Wiesen- und Feldlandschaft vor. Er ist durch sein helleres graubraunes Fell, den weißen, gegabelten Kehlfleck und die unbehaarten Sohlen gekennzeichnet.

Nach dem Fuchs ist der Steinmarder das zweithäufigste Raubtier in der Sächsischen Schweiz. Seltsamerweise werden die großen Wald-Felsgebiete wenig oder nur randlich von ihm als Habitat genutzt. Auf schmalen Felsbändern des Liliensteins kann man in schwindelnder Höhe im Winter seine Fährte finden. Hier ist wohl auch sein angestammter Lebensraum in früher Zeit gewesen, lange bevor es menschliche (Stein-)Siedlungen als Ersatzbiotop in unserer Landschaft für ihn gab.

Der Steinmarder konnte seit 1990 etwa zehnmal so häufig wie der Baummarder in der Sächsischen Schweiz, die ja immerhin zu 60 % bewaldet ist, nachgewiesen werden. Dies veranschaulicht eine Umkehrung der Häufigkeit beider Arten, wie sie in etwa bis an den Anfang des 20. Jahrhunderts bestanden haben mag.

Hermelin trägt Jungtier in einen neuen Unterschlupf.

Das ebenfalls zur Familie der Marderartigen (*Musteliden*) gehörende **Hermelin** (*Mustela erminea*) ist deutlich kleiner als die Marder und wechselt bei uns als einzige Art den rehbraunen Sommerpelz gegen ein weißes Winterkleid. Nicht selten kann man im März weiß gefärbte Hermeline in unserer, um diese Zeit mittlerweile nicht mehr winterlichen Landschaft ausmachen, wobei sich die Tarnung dann freilich ins Gegenteil verkehrt. Das Hermelin kommt in beinahe allen Lebensräumen, in denen es geeignete Schlupfwinkel antrifft, regelmäßig vor. Es meidet im Gegensatz zum Steinmarder auch nicht die großen Waldungen und kann tief im Inneren der Felsgebiete angetroffen werden. Am Hochhübel, an der Marienquelle im Kirnitzschtal oder auch am Verborgenen Horn im Schmilkaer Gebiet ist das Hermelin beobachtet worden. Seine Nahrung besteht überwiegend aus Wühlmäusen oder anderen Kleinsäugern, die es überall vorfindet.

Deutlich seltener, aber immer noch regelmäßig anzutreffen ist das fast nur daumendicke **Mauswiesel** (*Mustela nivalis*), welches sich in den Offenlandbereichen mit dem Hermelin oft den Lebensraum teilt. Es scheint aber die großen Wald-Felsengebiete etwas zu meiden, zumindest konnte es dort nur sehr selten und dann meist randlich beobachtet werden. In der angrenzenden Oberlausitz mit ihren strukturarmen, großen Ackerschlägen ist das Mauswiesel mittlerweile schon seltener geworden.

Durch seine zierliche Kleinheit kann es praktisch jedes Mäuseloch und selbst den allerkleinsten Schlupfwinkel zum Beutefang nutzen. Leider erst in den (aller)letzten Jahren findet ein gewisses Umdenken in unserer Beziehung zu den Marderarten statt, wurden sie doch früher einfach in Unkenntnis tieferer Zusammenhänge oder aber aus Gedankenlosigkeit einfach als „Raubzeug" bezeichnet und gnadenlos bekämpft.

Vom nordamerikanischen **Mink** (*Mustela vison*) gibt es bisher keine sicheren Nachweise, obwohl mit seinem Vorkommen gerechnet werden kann. Weitgehend unbemerkt, wohl auch noch im 19. Jahrhundert, verschwand der **Nerz** (*Mustela lutreola*) aus dem Gebiet.

Der in seinem Bestand stark rückläufige und durch seine weiße Schnauzenspitze und weißen Ohrränder leicht zu erkennende **Iltis** (*Mustela putorius*) besitzt in der Sächsischen Schweiz nur noch eine kleine, auf isolierte Standorte verteilte Population und kommt somit nicht mehr flächendeckend vor.

Während STIEHLER (1911) und FÖRSTER (1938) noch von einem häufigen Vorkommen dieser Marderart in heimischen Gefilden berichten und seine Häufigkeit mit der von Hermelin und Mauswiesel vergleichen, berichtet MÄRZ (1957) schon von einem Rückgang der Art infolge menschlicher Nachstellung. Die Frage, ob sich sein Bestand wieder erholt, kann noch nicht beantwortet werden. Seit 1990 sind gerade einmal acht Nachweise bekannt geworden. Die Beobachtungen besitzen eine Häufung in der Vorderen Sächsischen Schweiz, wo der Iltis in den Zeschnigleiten, an der Sellnitz bei Waltersdorf, bei Waitzdorf und am Dachsenhälter bei Rathewalde festgestellt wurde. Aber auch bei Sebnitz und am Zwiesel bei Berggießhübel wurde er beobachtet. Unter den acht Nachweisen befinden sich drei Verkehrsopfer.

GRAF (1991) berichtet noch von einer Reihe weiterer Vorkommen, wo diese Art von Raubwildfängern im Zeitraum von 1979 bis 1990 getötet wurde. Da taucht der Iltis noch im Schwarzbachtal bei Lohsdorf, im Sebnitzer Wald, an der Hohen Liebe bei Ostrau und bei Lohmen auf. Interessant ist, daß der Iltis in der Sächsischen Schweiz mehrfach auch inmitten größerer Waldgebiete beobachtet werden konnte. Die allgemein verbreitete Vorstellung, daß der Iltis bevorzugt an Gewässern und anderen Feuchtgebieten nach Amphibien jagt, kann somit für die Sächsische Schweiz nicht bestätigt werden.

Eine wesentlich positivere Bestandsentwicklung nahm in den letzten Jahren der **Dachs** (*Meles meles*), der sich nach seinem Tief, vor allem durch die Fuchsbau-Begasung in den 1970er Jahren, wieder erfreulich erholt hat und heute eine allgemeine Verbreitung über das gesamte Gebiet besitzt.

Durch seine nächtliche und heimliche Lebensweise bleibt der scheue Einzelgänger freilich eine seltene Erscheinung, den viele Menschen nie, oder nur im Tierpark zu Gesicht bekommen. Der Dachs ist in seinem Vorkommen in der Regel an den Wald gebunden, wobei er auch kleinere abgelegene und einsame Feldgehölze sowie Waldrandlagen als Biotop nutzt. Nicht selten unternimmt er auch weite Streifzüge nach Nahrung in die Feldflur. Dabei wird er nachts leider sehr oft Opfer des dichten Straßenverkehrs, was die 30 % Todfunde der insgesamt über sechzig Nachweise belegen.

Dachs als Verkehrsopfer bei Waltersdorf

Dachsbaue werden in der Sächsischen Schweiz nicht selten am Fuße von trockenen und südexponierten Felswänden angelegt, wo sie oft über viele Jahrzehnte genutzt werden, manchmal auch zusammen mit dem Fuchs. Bis zu fünf Jungtiere wurden in heimischer Flur beim Dachs beobachtet, aber in der Regel sind es nur zwei oder drei, die pro Gehecke aufgezogen werden.

Eine der gefährdetsten und damit auch seltensten Tierarten in Mitteleuropa ist der **Fischotter** (*Lutra lutra*).

Erste direkte Nachweise der Art gibt es in der Sächsischen Schweiz seit Ende des 19. Jahrhunderts. So erwähnt das Sebnitzer Grenzblatt vom Dezember 1880 die Erlegung je eines Fischotters an der Kirnitzsch und der Sebnitz. Eben dort wird von der weiteren Erlegung eines Otters im November 1895 an der Kirnitzsch berichtet: „Herr Oberförster Jacobi in Ottendorf hatte am Sonnabend das seltene Glück, im Kirnitzschbach einen 12 1/2 Pfund schweren weiblichen Fischotter zu fangen. Der Schaden, welche diese Tiere an dem Fischbestande anrichten, ist ein ganz beträchtlicher; auch im Magen dieses Tieres fand man neben schon verdauten Speiseüberresten noch eine Forelle."

Fischotter (Wildgehegeaufnahme)

Weiterhin erlegte der Waldwärter A. Berger aus Hohnstein 1886 vier Otter an der Polenz und der Mühlenbesitzer G.A. May aus Lichtenhain 1893 an der Kirnitzsch drei Fischotter. Im selben Zeitraum kam laut Ottendorfer Pirschverzeichnis ein weiterer Otter an der Kirnitzsch zur Strecke. So gab es zu dieser Zeit an den genannten Bächen der rechtselbischen Sächsischen Schweiz und dem verbindenden Elbegebiet eine offensichtlich noch stabile Population. 1901 erfolgten noch zwei weitere Ottererlegungen in Pirna-Copitz, jedoch brach die Population dort dann in den ersten Jahren des 20. Jahrhunderts endgültig zusammen.

Der Fischotter schien sich in einzelnen Exemplaren auch in den folgenden Jahrzehnten im Gebiet der abgeschiedenen und schwer zugänglichen Hinteren Sächsischen Schweiz gehalten zu haben. So wurde im Einzugsbereich der Kirnitzsch 1910 ein Otter erbeutet, Ende der zwanziger Jahre des letzten Jahrhunderts ein Tier auf einem Holzstapel gesichtet und 1933 ein Otter an der Kirnitzschschänke erlegt (K. Lohwasser). Ebendort erbeutete 1936 Heger Schindler ein weiteres Tier und 1942 wurde erneut ein Fischotter an der Kirnitzsch gefangen. Seit 1982 begannen sich dann die Nachweise an der Kirnitzsch zu häufen. Im Oktober 1984 schließlich gelang der erste sichere Jungotternachweis durch Spuren an der Oberen Schleuse.

Bei weitem nicht so häufig waren die Otternachweise an den anderen rechtselbischen Bächen. Ein 1910 am Rathewalder Pfarrteich erbeuteter Otter weist noch auf ein Vorkommen im Einzugsbereich von Grünbach und Polenz hin. Erst Anfang der 1960er Jahre ist die Polenz wieder vom Fischotter besiedelt.

Die Nachweise an den kleineren linkselbischen Bächen waren ebenfalls selten. 1924 wurde ein Otter am Cunnersdorfer Bach gespürt und 1937 einer am Fuchsbau erlegt. 1951 fand an der Elbe Förster Protze einen erschöpften Otter (Stubbe 1977).

Das derzeitige Vorkommen des Fischotters im Elbsandsteingebirge konzentriert sich auf die noch weitestgehend naturnahen Fließgewässer Polenz, Sebnitz, Kirnitzsch, und Biela auf sächsischer sowie die Kamnitz/Kamenice auf böhmischer Seite. Es ist auch anzunehmen, daß infolge einer wesentlich verbesserten Gewässergüte in letzter Zeit auch die Elbe wieder verstärkt vom Fischotter genutzt wird.

Da die Anwesenheit des Fischotters auf Grund seiner heimlichen Lebensweise in der Regel nur durch Spuren- und Kotnachweise, besonders im Winter, festgestellt werden kann, müssen wir nach den heutigen Erkenntnissen davon ausgehen, daß die genannten Bäche vom Fischotter in den letzten Jahren nur periodisch besiedelt sind oder werden.

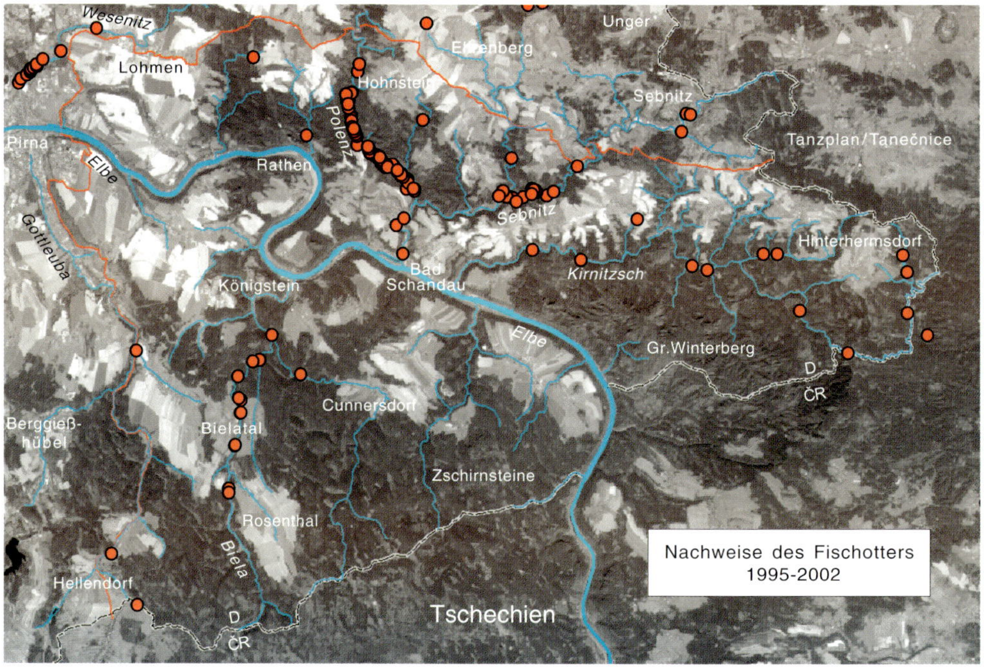

Alle Ein- und Ausstiege der Tiere an den Bächen, ebenso alle Verweilplätze des Otters befinden sich generell in gedeckten Bereichen, häufig im Wald, unter Felsüberhängen oder aber in Erlensäumen. Eine gewisse Vorliebe dabei scheint für zusammengebrochene Weidengebüsche und Brücken zu bestehen, wo in der Regel immer Otterspuren zu finden sind. Wenn sich in offener Wiese Ein- bzw. Ausstiege befanden, handelte es sich stets um vollkommen abgelegene Bachabschnitte, die kaum noch vom Menschen begangen werden. Weiterhin ist festzustellen, daß alle kleineren Standgewässer und Teiche, die sich oft in den Oberläufen der kleinen Nebenbäche befinden, regelmäßig vom Otter aufgesucht bzw. kontrolliert werden. Hier kommt es lokal zu Fischschäden für die Teichbesitzer.

Eine Untersuchung über die Ernährung des Fischotters an der Kirnitzsch ergab, daß hier etwa fünf Tiere leben. Bei vorsichtiger Schätzung ergibt das einen Gesamtbestand der Art von etwa 10 bis 15 Tieren.

Die Hauptnahrung des Fischotters an der Kirnitzsch sind vorwiegend Bachforelle und Groppe, aber auch Amphibien werden saisonal gefressen (Hertweck 1994). Seit 1990 wurden in der Sächsischen Schweiz und ihren nördlich angrenzenden Randlagen elf Fischotter als Verkehrsopfer registriert. Diese hohe Zahl verdeutlicht, daß die derzeitige Gefährdung des Fischotterbestandes in der Sächsischen Schweiz im wesentlichen von dem hohen Verkehr ausgeht.

Ein ausgestorbenes bzw. ausgerottetes Säugetier unserer Heimat ist die seltene und heimliche **Wildkatze** (*Felis sylvestris*), welche im Elbsandsteingebirge zuletzt 1809 auf der Tetschener Herrschaft bei Maxdorf/Maxičky durch Abschuß erlegt wurde. Auch wenn in Schumanns Lexikon von Sachsen (1822) noch steht, daß die Wildkatze in der „Schandauer Heide“ zu finden sein soll, läßt sich kein sicherer Beleg der Art aus der Sächsischen Schweiz erbringen. 1934/35 wurden im unweit entfernten Böhmischen Mittelgebirge bei Wernstadt/Verneřice zwei Wildkatzen erlegt, deren Beleg den sicheren Nachweis erbrachte.

Die immer wieder beobachteten „wildfarbenen Hauskatzen“ tragen häufig zur Annahme bei, es handele sich um Wildkatzen, deren sicherer Nachweis meist nur physiologisch durch Messung von Hirnvolumen und Darmlänge erbracht werden kann.

Selten, jedoch immer wieder in den letzten Jahren passierte es: Zu später, nächtlicher Stunde huscht im zeitigen Frühjahr ein großes, graues, geflecktes Tier im Scheinwerferlicht eines Autos über die Straße des Kirnitzschtales. Oder es ist eine runde, krallenlose Spur, die sich an einem grauen Dezembernachmittag im dünnen Neuschnee auf den Partschenhörnern verliert. Ein andermal wiederum wartet in der Morgendämmerung eines Augusttages an der oberen Hickelschlüchte ein Fotograf auf den Sonnenaufgang, da erscheint drüben, noch im Schatten des Langen Horns, auf dem Felsband eine große, graubraune Katze – ein **Luchs** (*Felis (lynx) lynx*).

Der Luchs war noch bis ins 17. Jahrhundert in Sachsen und Böhmen eine, wenn auch mit geringer Dichte, weit verbreitete Art. So wurden

Der Luchsstein im Ziegengrund

Der Luchs lebt so heimlich und versteckt, daß man ihn meist nur an seinen Spuren erkennt (hier eine Aufnahme aus dem Wildgehege Moritzburg).

noch zwischen 1656-1680 in Sachsen 191 Luchse erlegt und auf der Tetschner Herrschaft von 1645-1689 sechs Luchse erbeutet (MICHEL 1929). Am 24. November 1713 schoß JOHANN ERNST Graf THUN in der Nähe des Hohen Schneeberges / Děčínsky Sněžnik noch einen Luchs.

Der letzte Nachweis auf sächsischer Seite ist der 1743 im Ziegengrund, nahe der tschechischen Grenze, erlegte Luchs. Der Erleger setzte sich mit dem Luchsstein ein bedeutsames jagdliches Denkmal:

„Allhier habe ich Joh. Gottfr. Puttrich, königl. Förster auf hinterhermsdorf einen Luchs mit einem selbstschuß erlegt ao 1743“

Der letzte Luchsnachweis im gesamten Elbsandsteingebirge ist der am 18. Januar 1785 aufgespürte und am 4. Februar desselben Jahres an der Hauptallee der Christianenburg/Kristin Hrádek anläßlich einer Treibjagd durch den Jäger F. Chmelowsky erlegte Luchs (MICHEL 1929). So löste sich das ehemals zusammenhängende Verbreitungsgebiet der Art endgültig in verschiedene Verbreitungsinseln auf. Danach lag die Westgrenze des Luchses für unser Gebiet lange Zeit im Bereich der mährischen Beskiden, also rund 250 km östlich.

Schon seit den 1930er Jahren deuten in der Hinteren Sächsischen und der Böhmischen Schweiz gefundene Rehrisse auf die Anwesenheit des Luchses hin. Mitte der fünfziger Jahre tauchen dann wieder einzelne Luchse im Elbsandsteingebirge und den angrenzenden Gebieten auf. In den folgenden Jahren wurden immer wieder Luchsbeobachtungen, vorwiegend aus dem Elbsandsteingebirge, aber auch aus dem angrenzenden sächsischen und ab Ende der 1970er Jahre auch aus dem thüringischen Raum gemeldet.

In der darauffolgenden Zeit der siebziger, achtziger und neunziger Jahre gibt es im Elbsandsteingebirge immer wieder, mit einer bestimmten Regelmäßigkeit, Beobachtungen der Art. Im Verlauf eines Jahres sind es oft nur einige wenige Nachweise; ab und an eine Spur, viel seltener eine Sichtbeobachtung und hin und wieder der mysteriöse Fund eines gerissenen Rehes.

Der Luchs hat als ausgesprochener Einzelgänger ein sehr weiträumiges Revier. Aufgrund dieser Tatsache und den zum Teil großen Zeiträumen, welche zwischen dem Auftauchen der einzelnen Tiere vergehen, muß mit einem sehr großräumigen Siedlungsareal des Luchses im Elbsandsteingebirge, dem Lausitzer Bergland und dem Erzgebirge gerechnet werden. In den letzten Jahren deuten vor allem im linkselbischen Raum verschiedene Anzeichen auf eine häufigere Anwesenheit des Luchses hin.

Stark gegliederte Wald-Feldkanten, verbunden mit ruhigen Tälern und abwechslungsreichen Waldstrukturen, bedingen hier hohe Rehdichten, welche dem Luchs ausreichend Beute sichern. Im gesamten Zeitraum wurden im Elbsandsteingebirge hauptsächlich Rehe, seltener junge Rothirsche oder Gemsen vom Luchs gefressen.

Nachweise von Jungtieren beim Luchs gelangen im Gebiet nur äußerst selten.

Vom **Seehund** (*Phoca vitulina*) liegen Einzelnachweise von der Elbe bei Schöna aus den Jahren 1813 und 1975 vor.

Huftiere

Die meisten großen pflanzenfressenden Säugetiere gehören zur Ordnung der Paarhufer (*Artiodactyla*). Diese Arten besitzen 4 paarweise angeordnete Zehen, wobei der Körper auf der 3. und 4. Zehe der Vorder- und Hinterbeine ruht. Mit Ausnahme der Schweine tragen die Männchen ein Geweih oder Gehörn. Im Oberkiefer fehlen die Schneidezähne (außer beim Wildschwein) und die Nahrung der Pflanzenfresser wird während der Verdauungsphasen noch einmal gekaut (Wiederkäuer). Das Gehirn ist hoch entwickelt und die Tiere besitzen einen gut ausgebildeten Geruchssinn.

Die großen zusammenhängenden Waldungen der Sächsischen Schweiz, die eine Fläche von etwa 230 km^2 bedecken, sind schon immer ein Einstands- und Rückzugsgebiet verschiedenster Wildarten gewesen, die sich hier länger erhalten haben als in den stärker besiedelten Gebieten Sachsens. Aus rein jagdlichen Interessen wurden sogar verschiedene Wildarten wie die Gemse oder das Mufflon ausgesetzt und eingebürgert. Diese gebietsfremden Tierarten stellen zum einen vielleicht eine Bereicherung der heimischen Tierwelt dar, die einen gewissen Erlebniswert besitzt, sind aber im eigentlichen Sinne eine unnötige Faunenverfälschung und von einem modernen Standpunkt aus nicht zu billigen.

Das **Wildschwein** (*Sus scrofa*) war in früheren Jahrhunderten eine überaus häufige Erscheinung und ist von den Sächsischen Kurfürsten in nicht geringer Anzahl erbeutet worden. So weisen die Jagdlisten von Johann Georg I. (1611-1656) und Johann Georg II. (1656-1680) fast 50.000 Stück Schwarzwild auf, wobei in damaliger Zeit noch Tiere mit 6 Zentner Gewicht in Sachsen vorkamen (Zimmermann 1934).

Nachdem noch zu Beginn des 19. Jahrhunderts das Wildschwein weit verbreitet war, wurde es Anfang des 20. Jahrhunderts nicht nur in der Sächsischen Schweiz, sondern in ganz Sachsen ausgerottet. 1910 wurde in Böhmen an der ehemaligen Königsmühle nahe des Zschirnsteins noch ein Tier und 1927 in Schneeberg/Sněžník ein eingewechselter Keiler geschossen, der schon auf einem Auge blind war und Kugelverletzungen hatte (Michel 1929). Förster führt 1938 das Wildschwein im Kapitel „Ausgestorbene Säuger“ auf.

Von dem früheren Vorkommen des Wildschweines zeugen aber noch viele Flurnamen wie beispielsweise die Schweinelöcher bei Hinterhermsdorf, die Saugründe bei Hohnstein und Rathen oder auch der Sauhübel bei Schöna.

Das Wildschwein hatte offenbar in den dünn besiedelten Räumen der nordöstlichen Oberlausitz in den dreißiger und vierziger Jahren des 20. Jahrhunderts in einer kleinen Population überlebt. Dank seiner hohen Reproduktionsfähigkeit besiedelte es dann sehr schnell wieder die leergewordenen Räume, wobei ihm die Kriegswirren vielleicht zu Hilfe kamen. So tauchte es im Februar 1953 in Rathewalde, 1955 in Cunnersdorf und 1957 bereits auch wieder im Zeughausgebiet auf.

Heute ist das Wildschwein mit hoher Siedlungsdichte in der gesamten Sächsischen Schweiz verbreitet. Es lebt in den Wäldern ebenso wie auf den Wiesen- und Feldflächen, wo es die artenreichen Strukturen bevorzugt. Bedingt durch den derzeitigen viel zu hohen und einseitigen Mais- und Rapsanbau hat seine Population in den letzten Jahren einen großen Aufschwung genommen und stellt vielerorts ein großes Problem dar. Das „Umpflügen“ der Wiesen, aber auch ganzer Waldbestände auf den Felsriffen durch Wildschweine sind nur ein äußeres Anzeichen dieser derzeit drastisch überhöhten Wildschweinbestände. Aber auch die Vogelwelt, hier besonders die Bodenbrüter, und Arten wie die Kreuzotter sind vielfach Fraßopfer dieser unnatürlichen Umstände.

Die hohen Abschußzahlen, in den Jahren 1992 bis 2000 etwa 11.000 Tiere im Landkreis, belegen die hohen Siedlungsdichten und gehören mit zu den Höchstwerten in Mitteleuropa. Einzelnachweise von zehn und 20 Tieren sind heute keine Seltenheit, im Januar 1995 wurden über 40 Tiere im Polenztal und im November 2002 27 Tiere am Schrammsteingratweg gezählt. Es wurden auch große Keiler mit einem Gewicht von über 200 kg festgestellt.

Die großen Waldlandschaften der Sächsisch-Böhmischen Schweiz sind seit jeher Lebensraum des **Rothirsches** (*Cervus elaphus*). Er spielte neben den verschiedenen anderen Wildarten in der Jagdgeschichte der Sächsischen Schweiz eine besondere Rolle.

Die leidenschaftliche Jagd auf den Rothirsch erfreute sich seit jeher bei den Landesherren und später auch bei anderen „höheren Schichten" großer Beliebtheit, für die viele Opfer gebracht wurden. So war zum Beispiel das nahe der Grenze liegende böhmische Jagdschlößchen Christianenburg/Kristin Hrádek, 1734/35 vom damaligen Besitzer Graf Thun erbaut, ein Ausgangspunkt für große Treibjagden, welche alljährlich in den wildreichen Wäldern abgehalten wurden. Aber auch das Zeughaus im Großen Zschand, Aufbewahrungsort für das Jagdzeug, war oft Ausgangspunkt zur kurfürstlichen „Hirschfeist" und zu vielen anderen herrschaftlichen Jagden. Das Gebiet diente von 1870 bis 1918 als Hofjagdgebiet.

So war der Rotwildbestand über lange Zeit in seiner Höhe nicht oder kaum an die ökologischen Gegebenheiten des Waldes angepaßt. Der Förderung und Hege des Wildbestandes schenkte man größte Aufmerksamkeit, freilich ohne jede Rücksichtnahme auf die Bauern der umliegenden Dörfer, deren Felder vom Wild zum Teil verwüstet wurden. So hat man in früherer Zeit, aber auch noch vor wenigen Jahrzehnten große Rotwildbestände herangehegt und so mancher Wald war eher ein „Hirschgarten".

Ein zu hoher Wildbestand, zumal natürliche Regulatoren wie Wolf und Bär fehlen, bringt für den Wald eine ganze Reihe von Schäden mit sich. So ist der Verbiß und das Schälen der Bäume für die Verjüngung des Waldes und somit für seinen Fortbestand ein ernstes Problem. Dem ausgewogenen und gesunden Verhältnis von Wald und Wild kommt damit eine wichtige Rolle zu. Andererseits ist der Rothirsch als Art an große und unzerschnittene Waldlebensräume gebunden, die in unserer zergliederten Landschaft nur noch in einigen wenigen Gebieten, wie dem Erzgebirge, der nordöstlichen Heide-Lausitz und eben im Elbsandsteingebirge vorhanden sind. Der Rothirsch sollte als Tierart auf alle Fälle in diesen Gebieten erhalten werden. Zwischen den isolierten Lebensräumen muß ein genetischer Austausch stattfinden, es müssen also entsprechende Waldkorridore bestehen. Desweiteren ist über Populationsgrößen nachzudenken, auch wenn derzeit noch ein beständiger Zuzug aus Tschechien besteht. Auch Fragen der Artausprägung sollten diskutiert werden.

Im März 1958 schreibt S. Bruchholz anläßlich der Einrichtung eines Tierschutzgebietes in der Hinteren Sächsischen Schweiz, welches dann leider nie umgesetzt bzw. eingerichtet worden ist: *„Das Rotwild erscheint mir in diesem Gebiet noch erbmäßig völlig rein. Es ist mir nicht bekannt, daß, wie in so vielen anderen Gebieten, durch Aussetzen standortfremder Formen bzw. -fremder Rassen und Arten der Rotwildbestand irgendwie verändert worden ist. Der Lokaltyp des dortigen Rothirsches ist durch einen etwas gedrungenen stämmigen Körperbau gekennzeichnet. ...*

Der Hinterhermsdorfer Hirsch hat aber im Geweih eine edle Form und erreicht mitunter eine beträchtliche Stangenstärke. Der Hirsch ist im allgemeinen nicht so sehr endenfreudig, obgleich 12- und 14-Ender bei entsprechendem Lebensalter nicht selten sind. Die Stangen des Geweihes sind meist, wahrscheinlich bedingt durch die lokalen Verhältnisse, relativ kurz. Die Tatsache, daß dort eine kernige Lokalform des Rothirsches vorkommt, die meines Wissens unvermanscht ist, hat mich auch bewogen, dieses Gebiet als Wildforschungsgebiet vorzuschlagen."

Nachdem der Rotwildbestand über Jahrzehnte, besonders in den siebziger und achtziger Jahren des letzten Jahrhunderts zugenommen hatte, erfolgte aus waldökologischer Sicht seit 1991 eine starke Reduzierung des Rothirsches in der Sächsischen Schweiz. So wurden allein im Gebiet des Forstamtes Bad Schandau, welches die gesamte Hintere Sächsische Schweiz umfaßt, von 1991 bis 1999 über 1000 Stück Rotwild erlegt. Hingegen wurden von 1817 bis 1904, also in 89 Jahren, in den Staatswäldern der Hinteren Sächsischen Schweiz nur 393 Stück Rotwild geschossen, das sind ganze 4,3 Stück pro Jahr; von 1962 bis 1990 dann aber immerhin schon 516 pro Jahr.

Bereits in den Jahren 1935 bis 1937 war ebenfalls zum Schutz des Waldes schon einmal ein stärkerer Abschuß von 1200 Tieren in der gesamten Sächsischen Schweiz erfolgt.

Eine populationsökologische Untersuchung, die in den 1990er Jahren durchgeführt wurde, ergab keine Besonderheiten in der Altersklassenverteilung, die zwei- bis neunjährigen Hirschkühe waren zu 96 % tragend, die einjährigen immerhin zu 88 %, was als Reaktion auf die hohe Abschußrate gewertet werden muß (ANSORGE et. al. 2000). Das Geschlechterverhältnis beträgt 1,2:1 (55% männlich : 45 % weiblich).

Der **Damhirsch** (*Cervus dama*), aus den Mittelmeerländern stammend und in früherer Zeit eingebürgert, ist sehr selten. Nur im Juni 1993 wurden ein Alttier und ein Schmaltier am Steinberg bei Hinterhermsdorf beobachtet. Weitere Beobachtungen und Abschüsse wurden aus dem Osterzgebirge, bei Oelsen und Bad Gottleuba bekannt.

Das Reh ist häufig an Waldrändern und angrenzenden Wiesen anzutreffen.

Historisches Elchfoto bei Waitzdorf aus dem Jahre 1959

Das **Reh** (*Capreolus capreolus*) besiedelt die gesamte Sächsische Schweiz, wobei Offenlandflächen ebenso genutzt werden wie die Waldgebiete. Nur die großen Wald-Felsgebiete der hinteren und linkselbischen Sächsischen Schweiz werden in geringerer Dichte besiedelt. Besonders die Verzahnungsbereiche von Wald und Offenland und die reich gegliederten Waldränder, die in der Sächsischen Schweiz noch häufig vorkommen, werden als Lebensraum bevorzugt. An diesen Waldrandbereichen sowie auf den Wiesen und Feldern kann man Rehe in den Abend- und Morgenstunden gut beobachten. Trotz zahlreicher Straßenopfer ist es flächendeckend im gesamten Gebiet vertreten. Die hohe Rehwilddichte spiegelt sich auch in den unvermindert hohen Abschußzahlen wider, wobei jährlich in der Sächsischen Schweiz etwa 1000 Rehe geschossen werden.

Der letzte **Elch** (*Alces alces*) wurde nach MICHEL (1929) um 1570 auf der Herrschaft Tetschen im Schneeberger Revier geschossen. Die Art ist in früherer Zeit weit verbreitet gewesen und war wohl auch in unserer heimischen Landschaft nicht selten, war jedoch bereits zu Beginn des Mittelalters ausgerottet. In den vergangenen fünfzig Jahren gelangen aber immer wieder Beobachtungen von einwandernden Elchen, so im September 1959 von einem männlichen Tier bei Waitzdorf, welches dann noch im Bereich der Schrammsteine gesichtet und südwestlich von Prag abgeschossen wurde.

Im Mai 1975 wurde eine Elchkuh im mittleren Kirnitzschtal, im August 1985 ein junger Stangenhirsch im Fechelsgrund bei Struppen und im Oktober 1997 ein Schaufelhirsch bei den Neuhäusern von Krumhermsdorf beobachtet. Schließlich ist im Herbst 2001 von einem männlichen Tier zu berichten, welches von der Oberlausitz über Neustadt, Pirna, das Schönfelder Hochland nach Dresden zog, sich dort an einem Zaun aufspießte und an den Folgen verendete.

Wie der Elch verlor mit der dauerhaften Besiedlung der Sächsischen Schweiz durch den Menschen eine ganze Reihe von Tierarten ihren Lebensraum. So verschwanden **Auerochse** (*Bos primigenus*) und **Wisent** (*Bison bonasus*) wohl schon um das 11. Jahrhundert. Ein Fußknochen von einer früheren Form des Steppen-Wisents (*Bison priscus*) ist aus dem Bärschen Steinbruch in Liebethal bekannt geworden.

Gemse an den Kaltenbergwiesen im Jahr 2000

Um den heimischen Wildbestand zu bereichern, hat es in der vergangenen Zeit nicht an Bemühungen gefehlt, fremde, jagdbare Tiere einzuführen. Die weitreichendsten Kenntnisse über solche Versuche liegen uns über die Gemse vor.

Die **Gemse** (*Rupicapra rupicapra*), die heute in Böhmen im nahen Kreibitzer Gebirge/Chřibské hory, aber auch in der Böhmischen Schweiz nicht selten zu beobachten ist, wurde in vergangener Zeit eingebürgert. Erste historische Aussetzungsversuche, die uns überliefert sind, wurden unter Kurfürst August (1526-1586) geplant. Damals gelangten aber mit hoher Wahrscheinlichkeit keine lebenden Gemsen nach Sachsen. Erst 1690 kamen unter Kurfürst Johann Georg III. (1647-1691) zwölf Gemsen als Geschenk des Erzbischofs von Salzburg ins Gebiet. Sie wurden im Forstort *„Gamsgarten"* zwischen den Schrammsteinen und dem Wenzelweg ausgesetzt (BRIEDERMANN & ŠTILL 1987). Die Aussetzung hatte jedoch keinen Erfolg.

Die eigentliche Bestandsgründung erfolgte in Böhmen nahe der deutschen Grenze, im Forstbezirk Daubitz/Doubíce, Revier Dittersbach/Jetřichovice. Das 10 ha große Gamsgatter errichtete man im Herbst 1906 in den sogenannten Bärlöchern, einem Bereich stark zerklüfteter Sandsteinfelsen. Darin wurden in den Jahren 1907 bis 1908 drei Böcke und fünf Geißen eingesetzt. Die Tiere stammten aus Tirol, Niederösterreich und der Schweiz. Eine der Geißen, alle drei Böcke sowie eines der drei 1909 gesetzten Kitze waren bis zum Sommer 1909 abgängig.

Nach 1909 kamen nochmals drei Gemsen unbekannter Herkunft und Geschlechts in das Gatter, welches 1911 geöffnet wurde. Der Bestand ging 1911 auf nur fünf Tiere zurück, erhöhte sich dann aber bis 1916 auf 13 Stück.

Ein zweites Gatter von gleicher Größe wurde im Kreibitzer Gebirge am aus Basalt bestehenden, 705 m hohen Großen Ahrenberg/Javor im Jahre 1913 angelegt. Im selben Jahr wurden darin ein Bock und zwei Geißen eingesetzt, wovon eine Geiß bereits aus der Elbsandsteinpopulation stammte, die anderen beiden Tiere wohl aus der Steiermark. Nach fünf Jahren wurde dieses Gatter mit einem Bestand von 15 Gemsen geöffnet. Am gleichen Ort gelangten 1928/29 drei weitere Alpengemsen, zwei Böcke und eine Geiß, aus Salzburg zur Aussetzung.

Die Aussetzungen in Sachsen begannen 1936, als man im Bereich der Teichstein-Heulenberg-Kette ein 5 ha großes Gatter errichtete. 1937/39 wurden fünf Böcke und zwei Geißen in das Gatter gesetzt, welche alle aus bayrischen Forstämtern stammten. Schon im Jahre 1940 wurde der Zaun infolge Sturmeinwirkung so beschädigt, daß es den Gemsen gelang zu entweichen. Im November 1942 belegt der Wiederfund eines mit einer Wildmarke versehenen Gamsbockes in der Nähe des Forstortes Balzhütte / Na Tokáni, daß um diese Zeit bereits eine Verschmelzung mit der böhmischen Population erfolgt war. Insgesamt kamen also von 1907 bis 1939 23 Alpengemsen zur Aussetzung, davon 16 in Böhmen und sieben in Sachsen.

Die ersten Beobachtungen freilebender Gemsen in Sachsen beginnen im Jahre 1922. Der Bestand betrug während dieser Zeit in der Böhmischen Schweiz und im Kreibitzer Bergland etwa 60 Tiere und erhöhte sich bis 1935 auf 80 Tiere. Im Winter 1945 / 1946 wurde der böhmische Bestand auf etwa 150 Tiere geschätzt. Zu eben dieser Zeit lebten in Sachsen etwa zehn Tiere. Im Frühjahr 1959 gibt BRIEDERMANN für die Sächsische Schweiz einen Bestand von 20 Tieren an. Im Kreibitzer Bergland wurden zum selben Zeitpunkt 98, in der Böhmischen Schweiz 16 Tiere erfaßt.

Im Verlauf der nächsten zehn Jahre ging der Bestand in der Sächsischen Schweiz auf sieben bis zehn Tiere zurück. Diese Zahlen belegen deutlich, daß die Populationsentwicklung der Gemse im Sandsteinbereich, auf sächsischer wie böhmischer Seite, von Anfang an langsam und kompliziert verlief.

Der aber wohl hauptsächlich limitierende Faktor der Sandstein-Population ist der seit den 1960er Jahren ständig zunehmende Touristenstrom, der selbst die entlegensten Einstände erreichte. Als tagaktive Art reagiert die Gemse auf Störungen durch Menschen empfindlich. Die Häufung von Verlusten durch Abstürze, die nicht nur Kitze, sondern auch erwachsene Tiere betrafen, bestätigt dies. So wurden in den Wintern von 1964 bis 1966 drei abgestürzte Geißen aufgefunden, immerhin ca. 1/3 des damaligen Bestandes der Geißen überhaupt. Der daraus entstehende Reproduktionsausfall muß als beträchtlich eingeschätzt werden.

Eine Ursache für die Abstürze ist auch der wohl zu weiche Waldboden und das dadurch ausbleibende Abnutzen der Schalen (das ist die jagdliche Bezeichnung für die Klauen), der ansonsten an felsigen Untergrund gewohnten Gemse. So stürzte im Dezember 2001 eine stark abgemagerte Gemse im Kirnitzschtal ab und verendete. Infolge der stark überwachsenen Schalen konnte sie kaum noch laufen und damit nur noch eingeschränkt Nahrung aufnehmen.

Nach 1970 wurde bei der Gemse des Sandsteingebietes eine Schrumpfung der besiedelten Fläche auf etwa ein Drittel registriert, in der nur noch einzelne Tiere festgestellt werden konnten. Dagegen konzentrierten sich im Kreibitzer Gebirge, an den Einstandsgebieten des Kaltenberges / Studenec und Buchhübels / Bukovina, zur gleichen Zeit die Gemsen mehr und mehr, so daß sich hier eine Population von etwa 120

Verendete Gemse mit stark überwachsenen Schalen im Dezember 2001

Tieren bildete. Betrachtet man die Nachweise der Gemsen in der Sächsischen Schweiz von 1980 bis 1990, so ist in diesem Zeitraum kaum noch von Standwild zu sprechen. Bei den Beobachtungen nach 1980 handelte es sich stets um einzelne Tiere, die das Gebiet meist in Grenznähe bzw. in touristisch wenig frequentierten Gebieten durchstreiften.

Erst ab 1990 beginnen sich die Nachweise der Gemse etwas zu mehren. Es gelangen wieder Sichtbeobachtungen von zwei Gemsen, einzelne Tiere wurden auch westlich des Großen Zschandes angetroffen. In letzter Zeit häufen sich die Beobachtungen von Gemsen aus dem angrenzenden Granitbereich (u. a. im Sebnitztal), wo 1993 auch eine Reproduktion bekannt wurde. Im November 1991 erfolgte unverständlicherweise der Abschuß eines zweijährigen Gamsbockes bei Mittelndorf. Im August 1993 wurde ein weiterer Bock bei Neustadt im Lausitzer Bergland erlegt.

Im Kreibitzer Bergland nahm währenddessen der Bestand an Gemsen an den altbekannten Einständen weiter zu, so daß ab Mitte der achtziger Jahre des letzten Jahrhunderts hier etwa 160 Gemsen gezählt werden konnten. Diese Zahlen gelten auch heute noch. In der Böhmischen Schweiz leben etwa 25 Tiere.

Von Anfang an war die Population der Elbsandstein-Gemse auf beiden Seiten der Grenze Gegenstand umfangreicher Schutz- und Hegemaßnahmen, wo es neben der Bestandeserfassung und Betreuung in vergangener Zeit intensive Fütterungsmaßnahmen im Winterhalbjahr gab. Diese Winterfütterungen werden gewiß auch zur guten Reproduktionleistung der Art im Gebiet beigetragen haben. Nach dem Bundesjagdgesetz ist die Gemse in der Zeit vom 1. August bis 15. Dezember jagdbar, in Sachsen dagegen besitzt sie gemäß der „Verordnung über die Jagd- und Schonzeiten“ vom 28.8.1992 eine ganzjährige Schonzeit.

Auch das **Mufflon** (*Ovis musimon*), ein Wildschaf aus den Gebirgen Korsikas, ist eine bei uns eingebürgerte Art, welche sich in den letzten Jahrzehnten in der Sächsischen Schweiz lokal verbreitet hat, aber durch ihr scheues Verhalten schwer zu beobachten und noch schwerer zu bejagen ist.

Die Tiere, die vor allem im Bereich des unteren Sebnitztales nicht selten angetroffen werden, gehen auf Einbürgerungen im Hohen Birkigt und nahe dem Sebnitztal zurück. Zwischen Sebnitztal und Hoher Straße wurden in den vergangenen Jahren nicht selten größere Rudel von bis zu 25 Tieren beobachtet. Es wurden nach Graf (1989) bei Rathmannsdorf 1980 zwei Widder aus Ballenstedt / Sachsen-Anhalt direkt in die freie Wildbahn gesetzt. Einer verendete sofort, der zweite stellte sich zu den zwei Widderschafen, die seit 1979 auf Rathmannsdorfer Flur beobachtet wurden. Diese Tiere sind wahrscheinlich Nachfahren einer Auswilderung auf böhmischer Seite, welche 1921 im Revier Balzhütte bei Dittersbach / Jetřichovice erfolgte. Dabei wurden acht Tiere in die Freiheit entlassen.

1980/81 erfolgte eine größere Einbürgerung von Muffelwild am Hohen Birkigt zwischen Cunnersdorf und Polenz am Rande der Sächsischen Schweiz. Hier wurden insgesamt 18 Tiere (sieben Widder, elf Schafe) über ein Eingewöhnungsgatter in die freie Wildbahn entlassen. Ein Teil dieser Population wanderte in das Sebnitztal ab, der größere Teil verblieb im Hohen Birkigt und bildet dort heute ein nicht geringes und stabiles Muffelwildvorkommen.

Im hinteren Großen Zschand befindet sich ein weiteres Vorkommen, wo regelmäßig Tiere zu beobachten sind. Diese stammen wohl aus der oben genannten Auswilderung in Dittersbach. Es wurden aber immer nur einige wenige Tiere angetroffen. Aber auch an anderen Orten, wie am Großen Zschirnstein oder im Bärenhohl bei Hohnstein, wurden Einzeltiere oder auch kleinere Rudel festgestellt.

Vögel

Taucher und Kormoran

Man unterscheidet See- und Lappentaucher. Die Beine der Taucher befinden sich weit hinten am Körper, so daß sie hervorragend schwimmen und tauchen können, sich auf dem Land aber recht unbeholfen fortbewegen. Lappentaucher haben keine Schwimmhäute zwischen den Zehen wie die Seetaucher, sondern Schwimmlappen entlang derer. Lappentaucher bauen schwimmende Nester, Seetaucher brüten unmittelbar am Ufer der Gewässer. Kormorane nisten in zum Teil großen Kolonien auf Bäumen. Droht Gefahr auf dem Wasser, tauchen die Vögel weg.

Haubentaucher

Der knapp gänsegroße **Prachttaucher** (*Gavia arctica*) als Vertreter der nordischen Seetaucher kann als regelmäßiger Durchzügler, mit beobachteten Ansammlungen von bis zu 19 Vögeln gleichzeitig, genannt werden.

Als einzige Lappentaucherart wurde bisher der kleine, reichlich 25 cm große **Zwergtaucher** (*Tachybaptus ruficollis*) brütend im Elbsandsteingebirge nachgewiesen. Bis zur Umgestaltung der Copitzer Sandgruben um 1970 gelangen dort Brutnachweise mehrerer Paare. Weitere Bruten konnten 1975 in einer Lache auf dem Flugplatz Copitz und zwischen 1973 und 2000 neunmal am Birkwitzer Graben bestätigt werden. Von dieser Art gelangen Nachweise von Alttieren mit kleinen Jungvögeln in den Jahren 1992 und 1993 auf dem Taubenteich südlich von Cunnersdorf inmitten großflächiger Waldlandschaft. Als Durchzügler und Wintergast ist das „Wasserhühnel“, wie der Zwergtaucher im Volksmund genannt wird, in jedem Jahr vertreten. Auf der Elbe zwischen der Staatsgrenze und der Stadt Pirna sind in der Regel acht bis zwölf Vertreter der Art, oft in den ehemaligen Häfen und an den Einmündungen der Bäche, zu beobachten.

Schwimmende Kormorane liegen tief im Wasser.

Der **Haubentaucher** (*Podiceps cristatus*) wird seit 1995 auf der Kiesgrube Pratzschwitz als Brutvogel bestätigt. Als Durchzügler ist die Art im unteren Elberaum und auf der Kiesgrube mit bis zu 30 Vögeln beobachtet worden. Es existieren aus derselben Region einige Nachweise überwinternder, aber auch übersommernder Haubentaucher. Ein nächstliegender Brutplatz ist die Talsperre Gottleuba im Osterzgebirge.

Die Zunahme der **Kormorane** (*Phalacrocorax carbo*) in ganz Deutschland spiegelt sich auch in den Beobachtungen im Elbsandsteingebirge wider. Der Kormoran ist vor allem an der Elbe ein zunehmend häufigerer Wintergast, und manchmal sogar im Sommer zu beobachtender Durchzügler geworden. Im Winter 1994/95 zählte man bei P rossen über 300 Vögel, ebensoviele waren es im Frühjahr 1996 auf den Schlafbäumen bei Birkwitz.

Schreitvögel

Regelmäßig und in den vergangenen zwanzig Jahren deutlich häufiger zu beobachten ist der fast storchengroße **Graureiher** (*Ardea cinerea*), oft auch Fischreiher genannt. Im Gegensatz zu den Störchen und zum Kranich fliegen Reiher mit angelegtem, S-förmig gekrümmtem Hals.

Graureiher sind an der Elbe, aber auch an allen, manchmal recht kleinen Bächen und Teichen, mitunter sogar tief im Wald zu finden. Oft geht der Graureiher auch auf Feldern und Wiesen auf Nahrungssuche. Im Sommer kommen schon mal Familienverbände zur Beobachtung, so daß mit vereinzelten Bruten im Gebiet, eventuell bei Rathen, im Lachsbach- oder Sebnitztal, zu rechnen ist. Der sichere Brutnachweis steht aber noch aus. Erst in der Oberlausitz finden sich größere Brutkolonien dieser Art. Im Winter sind Ansammlungen, vor allem an der Elbe oder an ihren Schlafplätzen, von über 20 Reihern zu beobachten.

Graureiher

Brutnachweise vom **Weißstorch** (*Ciconia ciconia*) aus dem Elbsandsteingebirge fehlen, auch wenn man immer wieder einzelne oder auch mehrere Störche auf großen Schornsteinen, so in Königstein, Bad Schandau, Pirna oder Altendorf gesehen hat. 1979 bis 1981 hielt sich ein Paar ohne Bruterfolg in Copitz auf. Seit 1996 werden Horstbauversuche, aber auch erfolgreiche Bruten bei Pratzschwitz beobachtet. Als dem Gebiet nächstliegende, regelmäßig besetzte Brutplätze vom Weißstorch sind Doberzeit, Dobra, Helmsdorf, Langenwolmsdorf, Neustadt und Wilschdorf bekannt. Auf dem Heimzug werden oft nur Einzelstörche oder kleinste Gruppen gesehen, während auf dem Zug ins Winterquartier, vor allem im August, schon mal 20 bis 70 Tiere gezählt wurden.

Ein schmucker, aber recht scheuer und seltener Bewohner des Elbsandsteingebirges ist der **Schwarzstorch** (*Ciconia nigra*). In keiner alten Schrift wird die Art als Brutvogel im Elbsandsteingebirge erwähnt. Der Schwarzstorch breitete sich von Osten her aus und besiedelte vor 1950 das Oberlausitzer Heide- und Teichgebiet, wo später dann bis vier Paare bestätigt werden konnten. Die ersten Horste der Schwarzstörche im Elbsandsteingebirge wurden um 1970 im grenznahen böhmischen Gebiet gefunden, nachdem recht spärliche Beobachtungen bereits seit 1959 bekannt waren. Der erste Nachweis einer erfolgreichen Brut gelang im Jahre 1972. Auf deutscher Seite fand man 1978 die erste Brut.

Heute leben im gesamten Elbsandsteingebirge etwa sechs Brutpaare. In den letzten Jahren flogen fast immer aus drei bekannten Horsten auf deutscher Seite Jungvögel aus. Dabei wurden bereits mehrmals fünf Störche in einem Horst flügge. Diese großen Jungvogelzahlen zeigen, daß hier im Elbsandsteingebirge noch eine gute Nahrungsgrundlage für Schwarzstörche vorhanden ist.

Schwarzstörche ernähren sich hauptsächlich von Fischen, die sie in den sauberen Bergbächen finden, und der Kenner kann einen besetzten Horst dieser Art förmlich „riechen". Es werden auch kleinste Tümpel und Bäche aufgesucht, vor allem dann, wenn der Trubel der Zivilisation dem scheuen Vogel eine Nahrungssuche an Kirnitzsch oder Polenz unmöglich macht.

Fast flügge Schwarzstörche im Felsenhorst

Die größten Nester auf Bäumen bauen in der Sächsischen Schweiz die Schwarzstörche.

Manchmal dauert es Jahre, bis ein Horst gefunden wird, obgleich man die Tiere schon lange im Gebiet beobachtet hat. Schwarzstörche bauen in der Sächsischen Schweiz ihre großen Nester auf Buchen, öfter aber auf Felsen, und es gibt Reviere, wo die Vögel abwechselnd auf Bäumen oder am Felsen brüten. Die Horste werden oft mehrere Jahre hintereinander benutzt und mitunter auch nach einiger Zeit wieder.

Im Unterschied zu dem farbenprächtigen, purpur und grünlich schillernden schwarzen Gefieder der Altvögel, die leuchtend rote Beine, Schnabel und Augenringe haben, erscheinen die flüggen Jungvögel im stumpf schwarzen Gefieder mit grauen Beinen und einem grau-gelblichen Schnabel. Schwarzstörche klappern nicht, wie man das vom allbekannten Weißstorch kennt. Bei Flugspielen sind recht leise melodische Rufe zu hören, am Horst eher ein Zischen und Fauchen.

Mit zunehmender Besiedelung des sächsischen Berglandes und der Mittelgebirge, vom Elbsandsteingebirge über das Osterz- und Erzgebirge hin bis nach Thüringen, verschwand die Art merkwürdigerweise aus den Heidegebieten und Teichlandschaften der Lausitz. Erst in den letzten Jahren deuten dort Beobachtungen auf einzelne, noch unbekannte Brutplätze hin.

Wasservögel

Noch in den 1960er Jahren wurde jede Beobachtung vom **Höckerschwan** (*Cygnus olor*), der damals noch vom Aussterben bedroht war, notiert. Heute ist er ein regelmäßiger Wintergast auf der Elbe, doch korreliert seine Anzahl mit der Strenge und Länge der Winter. Gab es im Winter 1976/77 knapp 20 Vögel auf der Elbe im Raum Pirna, wurden im Winter 1981/82 etwa 300 Tiere gezählt. Danach pegelte sich der Winterbestand auf einen Wert um 100 Schwäne ein, doch ist dieser in den vergangenen Jahren wieder rückläufig.

Regelmäßig wurden Bruten an der Kiesgrube Pratzschwitz, vereinzelt dagegen auch an den Elblachen, am Birkwitzer Graben und im Elbhafen Prossen festgestellt.

Der **Singschwan** (*Cygnus cygnus*), kenntlich am Gelb im Schnabel und am geraden Hals beim Schwimmen, ist nur gelegentlicher Durchzügler und Wintergast und erst in den vergangenen zehn Jahren etwas regelmäßiger zu beobachten.

Regelmäßig auf dem Durchzug und vor allem im Herbst zu beobachten sind die **Saatgans** (*Anser fabalis*) und die **Bleßgans** (*Anser albifrons*), die in großen Scharen über unsere Landschaft ziehen, eher selten sind einzelne Vögel an der Elbe zu sehen.

Auch die **Graugans** (*Anser anser*) zieht regelmäßig über unser Gebiet, verweilt aber öfter als Wintergast an der Elbe. Hier sind mittlerweile über 100 vertraute Gänse ständig anwesend, die sicher aus den in DDR-Zeiten bei Moritzburg Höckerschwänen untergeschobenen Grauganseiern stammen. Erstaunlicherweise gibt es dabei Vögel mit orangefarbenen und mit fleischfarbenen Beinen, letztere wie sie die europäischen Brutvögel haben. Brutnachweise gab es 1986 bei Stadt Wehlen und 1994 am Birkwitzer Graben.

Bei allen **Enten** sind die Männchen im Brutkleid gut und oft auch durch den Laien sicher, vor allem an der arttypischen Kopf- und Halszeichnung zu erkennen. Bei den Weibchen, Jungvögeln oder den Männchen im Schlichtkleid, also im Sommer, bereitet eine Artdiagnose mitunter schon einige Schwierigkeiten. Man achte dann vor allem auf die von Art zu Art unterschiedlich gefärbten Armschwingen, den sogenannten Flügelspiegel.

Als nunmehr regelmäßiger Wintergast an der Elbe in Bad Schandau und im Pirnaer Raum kann die exotisch anmutende **Mandarinente** (*Aix galericulata*) gelten.

Erstaunlicherweise kamen bisher nur Männchen zur Beobachtung, lediglich Anfang Februar 2003 wurde bei Königstein erstmals ein Pärchen gesehen. Alle Vögel sind aus der Gefangenschaft entwichen oder schon deren Nachfahren, denn mittlerweile gibt es vereinzelte Freilandbruten dieser Art in

Graugans im Winter bei Pirna-Copitz

Sachsen. Ein Männchen der Mandarinente wurde im Winter 1999 im Cañon des Polenztales beobachtet.

Während **Pfeifente** (*Anas penelope*), **Krickente** (*Anas crecca*), **Knäkente** (*Anas querquedula*), **Löffelente** (*Anas clypeata*) und die auch als Brutvogel im Elbsandsteingebirge vorkommende **Stockente** (*Anas platyrhynchos*) unser Gebiet auf dem Durchzug regelmäßig berühren, und letztere ein sehr häufiger Wintergast auf dem Elbestrom ist, sind **Schnatterente** (*Anas strepera*) und **Spießente** (*Anas acuta*) nur gelegentlich zu beobachten.

Von der Krickente liegen Beobachtungen von der Kirnitzsch vor, so Anfang April 1981 zwei Paare bei den Rabensteinen und Ende März 1988 ein Pärchen unterhalb vom Beuthenfall. Vielleicht kommt es im Gebiet sogar zu vereinzelten Bruten dieser Art, was möglicherweise auch auf die Knäkente zutreffen könnte, für die 1980 am Birkwitzer Graben Brutverdacht bestand.

Die Stockente brütet im Gebiet an allen Bächen und größeren Teichen, manchmal auch etwas abseits dieser. Ein Nest wurde sogar am Fuße der Felswände im Domgebiet in den Affensteinen gefunden. An der Elbe überwintern je nach Wetterlage 2000 bis 3000 Stockenten, es sind aber auch schon 6000 gezählt worden.

Mandarinentenpaar bei Königstein

Von den Tauchenten, die ihre Nahrung am Grunde der Seen, Teiche und Flüsse suchen, sind **Tafelente** (*Aythya ferina*), **Reiherente** (*Aythya fuligula*) und **Schellente** (*Bucephala clangula*) in jedem Winter, mitunter recht zahlreich, auf der Elbe zu beobachten. Letztere Art fällt dem aufmerksamen Beobachter durch ihr Fluggeräusch auf, welches ihr den Namen gab.

Schellentenweibchen

Stockentenpaar

Säger verdanken ihren Namen dem schlanken, an den Rändern mit kleinen Hornzähnen besetzten Schnabel, der sich gut zum Fischfang eignet.

Der **Zwergsäger** (*Mergus albellus*), deutlich kleiner als die Stockente, ist ein in jedem Winter anzutreffender Gast, vor allem an der Elbe im Pirnaer Raum, doch überschreitet seine Anzahl selten 20 Tiere. Die weiß-schwarz gezeichneten Männchen sind wohl mit keiner anderen Art zu verwechseln. Das andere Geschlecht hat, wie alle Sägerweibchen, einen grauen Körper und einen braunen Kopf, mit je nach Art unterschiedlich ausgebildeter Haube.

Nur gelegentlich, nicht in jedem Winter, wird der etwa stockentengroße **Mittelsäger** (*Mergus serrator*), ein regelmäßiger Brutvogel an der Ostseeküste, an der Elbe festgestellt. Die Männchen vom Mittelsäger und der im folgenden beschriebenen Art, dem Gänsesäger, sehen sich recht ähnlich, doch besitzt ersterer ein breites bräunlich geflecktes Brustband. Die Haube am Hinterkopf beider Geschlechter ist bei dieser Art am deutlichsten ausgeprägt.

Reiherentenpaar

Der **Gänsesäger** (*Mergus merganser*) ist etwas größer als eine Stockente, die Männchen dieser wie auch der vorigen Art besitzen einen flaschengrünen Kopf und zart ocker- oder lachsfarbenes Bauch- und Brustgefieder.

Der Gänsesäger erscheint in jedem Winter, oft in beträchtlicher Anzahl, im Gebiet. Er ist Brutvogel an bayerischen Gebirgsbächen, an der Oder und im Ostseeküstenbereich.

Bei Hochwasser weichen die Vögel öfter in die zurückstauenden Zuflüsse der Elbe und in die Häfen aus, da dort sicher bessere Voraussetzungen zum Fischfang gegeben sind als im schnellfließenden, trüben Elbstrom. Ein Gänsesägerweibchen wurde auch schon im Mittellauf der Kirnitzsch beobachtet.

Der Fund eines verletzten Weibchens im Juli 1970 bei Pirna ist hinsichtlich Brutverdacht bemerkenswert. Im Mai 1997 wurde auf der Elbe bei Schöna ein Weibchen mit mindestens einem Jungvogel beobachtet, was den ersten und bisher einzigen Brutnachweis der Art im Elbsandsteingebirge darstellt.

Gänsesägerpaar

Greifvögel

Neun von den 38 in Europa vorkommenden Greifvogelarten sind auch Brutvögel in der Sächsischen Schweiz, wenngleich in sehr unterschiedlicher Anzahl, bedingt durch ihre arttypischen Lebensraumansprüche. Weitere zehn Arten berühren das Gebiet als Zugvögel, Wintergäste oder sind seltene Ausnahmeerscheinungen.

Die einzelnen Gattungen der früher als „Raubvögel" bezeichneten Arten unterscheiden sich hinsichtlich Größe, Gestalt, Färbung, Lebensweise und Ernährung oft deutlich. Die eigentlichen Greifvögel bauen Horste auf Bäumen, an Felsen und auf dem Boden. Falken hingegen, sie bilden wie auch der Fischadler innerhalb der Ordnung eine eigene Familie, übernehmen die Horste anderer Arten oder brüten ohne eigentliches Nest an Felsen und auf der Erde. Aus den ausgespieenen unverdaulichen Resten ihrer Nahrung, den Gewöllen, und den Rupfungen der vogeljagenden Greifvögel kann der Fachmann Rückschlüsse auf ihre Ernährung ziehen.

Der **Wespenbussard** (*Pernis apivorus*), als Zugvogel und „Sonderling" unter den heimischen Greifvögeln, erscheint erst im Mai im Brutgebiet und verläßt dieses mitunter schon Ende August wieder. Er ist in wenigen Paaren über das gesamte Gebiet verbreitet, aber Bruten dieses heimlichen Vogels werden nur selten gefunden. Brutnachweise gelangen in den vergangenen vierzig Jahren bei Pirna, Zatschke, Obervogelgesang, Kohlmühle, Sebnitz und im Großen Zschand, die meisten aber im klimatisch wärmeren Elbtal. Auch auf dem Durchzug tritt die Art in der Sächsischen Schweiz wenig in Erscheinung.

Der Wespenbussard ernährt sich und seine Brut hauptsächlich mit den Larven von Wespen und Hummeln. Seine Füße sind daher eher zum Graben als zum Greifen schneller Beute geeignet, wenngleich auch Lurche, Kriechtiere, kleine Vögel und Säugetiere zum Nahrungsspektrum gehören. Das schlitzartige Nasenloch wird als Schutz gegen stechende Insekten gesehen. Wespenbussarde haben gelbe Augen. Ihre Gefiederfärbung kann recht unterschiedlich sein; es gibt hellere und

Wespenbussard-Männchen mit Jungvogel

dunklere Stücke und das Männchen unterscheidet sich vom Weibchen durch einen grauen Kopf.

Der Wespenbussard ist so groß wie der Mäusebussard, im Flugbild erscheint die Art schlank mit vorgestrecktem Kopf, langen Schwingen und langem Schwanz. Letzterer trägt drei breite Binden, eine am Ende und zwei an der Wurzel. Auffallend ist der Balzflug der männlichen Wespenbussarde, der wellenförmig verläuft, wobei auf jeder Höhe die Flügel unter schüttelnden Bewegungen, kurz steil über dem Rücken hochgehalten werden. Diese Flugweise wird als „Schmetterlingsflug" bezeichnet.

Der **Rotmilan** (*Milvus milvus*), größer als der Mäusebussard, ist an seinem tief gegabelten Schwanz gut zu erkennen, weshalb er auch Gabelweihe genannt wird. Von ihm existieren einige neuzeitliche Brutbeobachtungen, denn weder ZIMMER-

MANN (1930), noch FÖRSTER (1938) und MÄRZ (1957) kannten die Art aus dem Elbsandsteingebirge. Brutnachweise existieren überwiegend nur aus den großflächig agrarisch genutzten Gebieten, so bei Obervogelgesang, Lohsdorf und Thürmsdorf. Im angrenzenden Osterzgebirge wurden erfolgreiche Bruten bei Liebstadt und Nentmannsdorf gefunden. Als Durchzügler tritt der Rotmilan im Gebiet vor allem im März und Oktober verstärkt in Erscheinung.

Nur als seltener Durchzügler berührt der dunklere **Schwarzmilan** (*Milvus migrans*), dessen Schwanz weniger tief gegabelt ist, unsere Landschaft. Als nächstliegendes Brutgebiet sei hier der Stolpener Raum genannt, doch hat die Art einen Verbreitungsschwerpunkt erst in der Lausitzer Teichlandschaft.

Der **Seeadler** (*Haliaëtus albicilla*), die erste neuzeitliche Beobachtung in der Sächsischen Schweiz datiert vom 30.4.1967, ist in den letzten Jahren ein seltener, aber regelmäßiger Durchzügler und Wintergast, vor allem am Elbestrom, geworden. Die meisten Feststellungen dieses größten Adlers mit einer Flügelspannweite von bis zu 2,40 m gibt es aus dem Januar. Erstaunlicherweise fehlen bisher Sommerbeobachtungen.

Zunehmend häufiger ist in den vergangenen fünfzehn Jahren die **Rohrweihe** (*Circus aeruginosus*), vor allem in den nördlich angrenzenden Feldlandschaften, zu beobachten. Die Vögel sind wenig kleiner als ein Mäusebussard und wie alle Weihen schlank, langflügelig und langschwänzig. Einen ersten Brutversuch gab es 1986 bei Birkwitz. Seit einigen Jahren schon scheint die Art im Bereich Hohnstein, Ehrenberg, Lohsdorf zu brüten. Das ganze Jahr über sind dort verschiedene Altvögel, im Jahre 2002 je drei Männchen und Weibchen, zu beobachten, zu denen sich Ende August auch flügge Jungvögel gesellen. Die Höhepunkte des Durchzuges im Gebiet sind Ende April und Anfang September.

Kornweihe (*Circus cyaneus*) und die kleinere **Wiesenweihe** (*Circus pygargus*) berühren das Elbsandsteingebirge nur auf dem Durchzug, wobei erstere früher bzw. später im Jahr, vor allem im Oktober, und deutlich häufiger zu beobachten ist. Von der kleineren und selteneren Wiesenweihe existieren nur zwei Beobachtungen je eines Männchens, im August 1987 bei Wingendorf und im Mai 1996 bei Hertigswalde. Die Jungvögel und Weibchen beider Arten sind jedoch nicht leicht zu unterscheiden.

Fast flügge Habichte

Der **Habicht** (*Accipiter gentilis*) hat etwa die Größe des Mäusebussards, ist jedoch schlanker als dieser. Er ist ein regelmäßiger, wenn auch nicht häufiger Brutvogel der heimischen Wälder. So wurden z.B. von 1972 bis 1978 70 Bruten an 23 verschiedenen Plätzen bestätigt.

Die Nachwuchsrate an mehrjährig kontrollierten Plätzen unterschied sich deutlich. So flogen aus Horsten mit überwiegend landwirtschaftlich genutztem Umfeld deutlich weniger Jungvögel aus als in Revieren wo die Altvögel vorwiegend im Wald jagten. Sicherlich waren dafür auch Pestizidschädigungen, analog den Beobachtungen an anderen Greifvogelarten, verantwortlich. Der Habicht wird in den letzten Jahren wieder seltener beobachtet, aber im Gebiet horsten sicherlich noch gut zwanzig Paare.

Habichte bauen ihre recht großen Horste in Altbeständen, auf Fichten, Kiefern oder Buchen. Mit ihren relativ kurzen, runden Schwingen und dem langen Schwanz sind Habichte gut für die Jagd im Wald angepaßt, sie sind sehr wendig und manövrierfähig. Sie jagen vom Anstand aus, stoßen blitzschnell zu und erbeuten hauptsächlich Vögel und Säugetiere bis zur Größe einer Stockente bzw. eines Hasen.

Beim Habicht sind Männchen und Weibchen am deutlichen Größenunterschied zu erkennen. Weibchen sind etwa ein Drittel größer. Während alte Habichte an Bauch und Brust auf weißlichem Grund dunkel quergebändert sind, tragen Jungvögel ein auf gelblichem Grund dunkelbraun längsgeflecktes Brust- und Bauchgefieder. Dieses trägt zur innerartlichen Aggressivitätsminderung dieser streng territorialen Art bei.

Ähnlich wie dem Habicht erging es auch dem **Sperber** (*Accipiter nisus*), dem verkleinerten Abbild des Habichts. Auch hier wurde ein recht niedriges Niveau in der Bestandsdichte Anfang der siebziger Jahre des vergangenen Jahrhunderts festgestellt. Heute scheint die Art aber häufiger zu sein als der Habicht, vielleicht leben im Gebiet sogar doppelt so viele Paare. Vor allem im Herbst sind durchziehende, den Singvogelschwärmen folgende Sperber oft zu sehen. In den Städten und Dörfern kann man sie bei der Jagd auf Sperlinge und andere Singvögel am Futterhaus beobachten.

Sperber brüten im Stangenholz und nutzen, wie auch der Habicht, Wege und Schneisen als Anflugstrecken zum Horst. Kleine freie Stellen im Wald, in unmittelbarer Nähe des Horstes, werden als Rupf- und Beuteübergabeplätze genutzt. Das viel kleinere Sperbermännchen muß sich oft bei der Übergabe der Nahrung blitzartig zurückziehen, um nicht vom ungestüm anfliegenden Weibchen selbst erbeutet zu werden.

Porträt eines Sperberweibchens

Als sowohl in Europa wie auch hier im Elbsandsteingebirge häufigster Greifvogel gilt der **Mäusebussard** (*Buteo buteo*). Er ist reichlich 50 cm groß und brütet vor allem in der Randzone geschlossener Wälder, in Feldgehölzen und sehr selten in kleineren Baumgruppen, aber auch vereinzelt tief drinnen in großen Waldungen, so bei den Rabensteinen im Kirnitzschtal und im hinteren Großen Zschand. Früher verleiteten große Kahlschläge Mäusebussardpaare öfter zu Bruten im Inneren geschlossener Wälder.

Im Herbst ziehen, vor allem bei günstiger Witterung, größere Bussardtrupps aus nördlicheren Regionen über die Sächsische Schweiz ins Winterquartier und im Frühjahr wieder in ihre Brutgebiete zurück.

Der Bruterfolg der heimischen Mäusebussarde hängt deutlich von den Zyklen der Feldmausvermehrung ab. Mäusebussarde werden recht häufig vom Uhu, aber auch vom Habicht geschlagen. Mitunter entscheidet die Dichte des Mäusebussardbestandes und seine Erreichbarkeit im Revier eines Uhupaares über den erfolgreichen Ausgang deren Brut.

Mäusebussarde sind sehr variabel in der Färbung ihres Gefieders. So reicht die Palette von fast weißen bis hin zu dunklen, einfarbig braunen Exemplaren. Männchen und Weibchen sind in der Regel nur am Horst zu unterscheiden.

Im Flug erscheint die Art im Gegensatz zu Wespenbussard und Habicht plump mit breiten Flügeln und kurzem Schwanz.

Rauhfußbussard im Februar 2003 bei Ehrenberg

Ein recht seltener und bei weitem nicht in jedem Jahr zu beobachtender Durchzügler oder Wintergast ist der **Rauhfußbussard** (*Buteo lagopus*), sozusagen der skandinavische Vertreter unseres Mäusebussards. Im Winter 2002/03 wurden fast täglich ein bis drei Rauhfußbussarde neben anderen Feldmäuse fressenden Vogelarten auf brachen Wiesen zwischen Hohnstein, Ehrenberg, Lohsdorf und Goßdorf beobachtet.

Ebenfalls sehr selten gelangen Nachweise vom **Steinadler** (*Aquila chrysaëtos*), dem stärksten Vertreter seiner Gattung. Einige über einhundert Jahre zurückliegende Angaben von geschossenen Steinadlern sind mit äußerster Vorsicht zu genießen. Während der am 13.2.1894 bei Sebnitz erlegte Adler mit einer Spannweite von 2,15 m durchaus ein Steinadler gewesen sein kann, gehören die 3,17 m eines am 14.9.1893 bei Gohrisch erlegten Vogels ins Reich der Fabel, oder es ist ein Druckfehler.

Neuere Beobachtungen gab es im April 1972 im Polenztal, im Oktober 1979 bei Cunnersdorf, im Winter 1984/85 über mehrere Wochen ebendort, im August 1987 bei Rathewalde, im September 1987 im Polenztal, im Oktober 1987 bei Rathen, im August 1993 wiederum im Polenztal bei Hohnstein und der vorerst letzte Nachweis gelang im November 1993 südlich von Pirna. Die Beobachtungen aus dem Jahre 1987 betrafen sicher denselben Vogel, worauf man aus der Nähe der Orte zueinander schließen kann.

Früher nur gelegentlicher, neuerdings regelmäßiger Durchzügler ist der unterseits weiße **Fischadler** (*Pandion haliaëtus*). Die Zunahme der Feststellungen resultiert aus der Zunahme der Art im Brutgebiet und einer sich ständig weiter nach Süden hin verlagernden Verbreitungsgrenze.

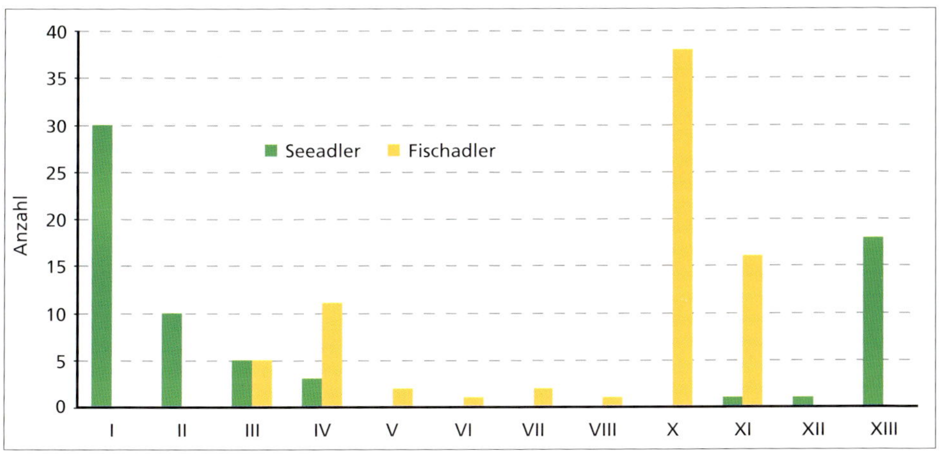

Beobachtungen von Seeadler und Fischadler in den einzelnen Monaten

Wie dem nebenstehenden Diagramm zu entnehmen ist, werden Fischadler auf dem herbstlichen Wegzug deutlich häufiger beobachtet als auf dem Zug in die Brutgebiete.

Wie schon beim Steinadler berichtet, sind auch beim Fischadler alte Angaben mit großer Vorsicht zu interpretieren. Ein am 14.9.1893 bei Sebnitz geschossener Fischadler liegt mit einer Spannweite von 1,85 m einen Viertelmeter, also deutlich, über der Norm. Es war übrigens derselbe Tag wie beim bei Gohrisch erlegten „Steinadler“.

Rüttelnder Turmfalke

Der **Turmfalke** (*Falco tinnunculus*) ist neben dem Mäusebussard die am häufigsten zu beobachtende Greifvogelart im Elbsandsteingebirge. Die Art horstet bevorzugt an den reichlich zur Verfügung stehenden Sandsteinfelsen, in den Steinbrüchen, aber auch an Gebäuden, z.B. in Pirna, Sebnitz und Bad Schandau sowie ganz vereinzelt und recht selten auf Bäumen.

Die etwa taubengroßen Turmfalken sind in der freien Feldflur leicht von den anderen Arten zu unterscheiden. Sie scheinen bei ihren Beuteflügen mit schlagenden Flügeln an einem unsichtbaren Faden in der Luft zu hängen – sie rütteln, wie der Zoologe sagt, und spähen so nach Beute aus. Diese Verhaltensweise brachte ihnen auch den Namen Rüttelfalke ein.

R. März kartierte 1932 auf einer Fläche von 20 km² in den Steinbrüchen um Stadt und Dorf Wehlen 16 und im Rathener Felsgebiet zur selben Zeit auf 6 km² zwölf Turmfalkenpaare.

Anfang der achtziger Jahre des 20. Jahrhunderts hatte der Bestand des Turmfalken, analog dem Rückgang vieler anderer Arten durch den Einsatz von Pestiziden in Land- und Forstwirtschaft, einen absoluten, beängstigenden Tiefstand erreicht. So horstete im 1069 ha großen NSG „Großer Winterberg und Zschand“ nur noch ein Paar. 1974 waren es noch deren fünf gewesen.

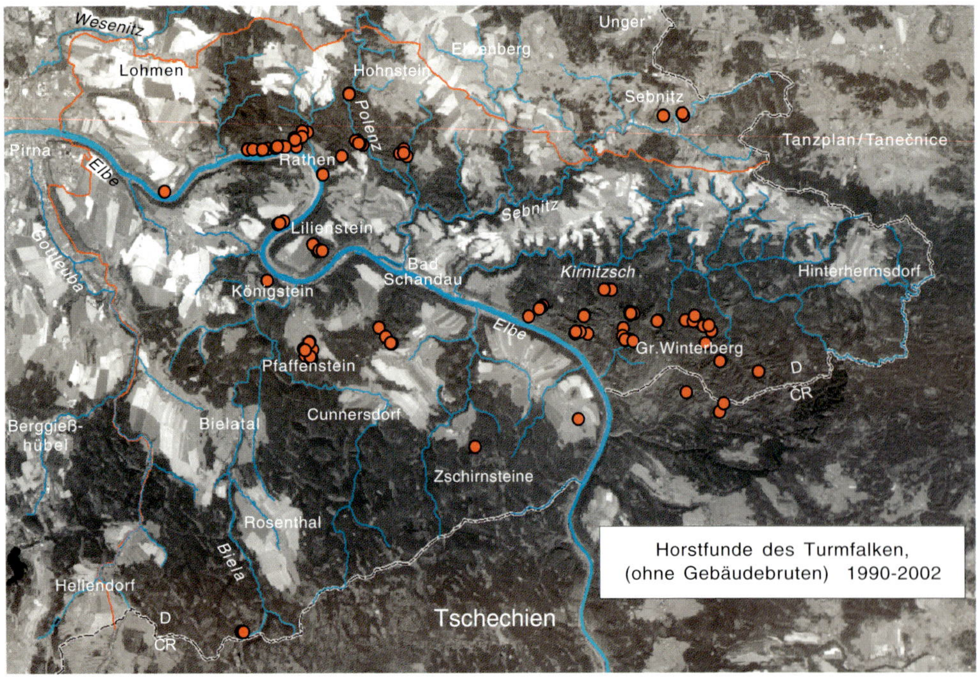

Horstfunde des Turmfalken, (ohne Gebäudebruten) 1990-2002

Der Bestand des Turmfalken in der Sächsischen Schweiz wurde bisher auf gut 60 bis 100 oder sogar mehr Paare geschätzt. Eine Bestandsaufnahme der Jahre 1998 bis 2002 zeigte aber, daß hier nur 30 bis 40 Brutpaare leben und der größte Teil davon in den Felsen des Nationalparks zu Hause ist.

Linkselbisch brüten derzeit außerhalb der Ortschaften fünf bis sechs Paare am Pfaffenstein, zwei Paare am Papststein und noch je ein Paar im Bielatal, am Zirkelstein und am Königstein. Innerhalb der März'schen Rathener Kontrollfläche horsteten in den vergangenen Jahren nur noch vier Turmfalkenpaare, ein Rückgang also um zwei Drittel des Ausgangsbestandes. Im ehemaligen NSG „Großer Winterberg und Zschand“ brüteten im Jahr 1992 wieder sechs Turmfalkenpaare, 2000 waren es aber wiederum nur zwei, doch hat das ganz sicher andere Ursachen als vor zwanzig Jahren.

An feldnahen Felsen und Steinbrüchen nistet der Turmfalke mitunter kolonieartig, so 1970 im Lohmgrund bei Rottwerndorf sieben Paare und am Pfaffenstein in den Jahren 1993 acht und 1998 sechs Paare.

Auch an Brutplätzen mit recht großer Entfernung, bis zu 6 km, zum Jagdgebiet, konnten fünf und auch sechs Jungvögel erfolgreich aufgezogen werden.

Turmfalkenweibchen

Turmfalkenmännchen haben einen gefleckten Rücken und einen grauen Kopf und Schwanz.

Als ehemaligen Brutvogel bekommt man den **Baumfalken** (*Falco subbuteo*) heute nur noch selten zu Gesicht. Der Baumfalke ist ein Zugvogel, welcher erst Ende April, Anfang Mai die Brutreviere besetzt. Er zieht seine Brut in Krähennestern oder verlassenen Greifvogelhorsten groß.

Zu seinem Vorkommen liegen nur wenige Angaben vor, ist es doch schwierig, seine Horste zu entdecken. Nach Förster (1938) siedelten im Gebiet einst etwa zehn Paare und auch März (1957) kannte sechs Brutplätze im nordwestlichen Teil der Sächsischen Schweiz, so bei Dorf Wehlen, am Kohlberg bei Lohmen, im Basteigebiet, bei Rathewalde, am Backofenfelsen bei Rathen und am Laasenstein. Etwa Mitte der 1950er Jahre verschwand der Baumfalke als regelmäßiger Brutvogel aus der Region.

In den 1970er Jahren bestand mehrfach Brutverdacht im Tännicht nördlich von Pirna-Copitz, wo dann im August 1978 zwei Altvögel mit einem flüggen Jungfalken beobachtet werden konnten. 1981 schritt dort abermals ein Paar zur Brut, war aber Ende Mai verschwunden. Eine Beobachtung Mitte

Baumfalke

September 1983, wo ein beutetragender Altfalke von einem Jungvogel bettelnd bedrängt wurde, ist doch wohl eher als eine zufällige Durchzugsbeobachtung zu werten.

Als seltenem Durchzügler begegnet man hin und wieder, vor allem im Mai, einem dieser faszinierenden Kleinvogel- und Insektenjäger, dessen Flugbild einem großen Mauersegler ähnelt. Ende Juli 1994 spielte ein Baumfalke längere Zeit in der Luft mit den jungen Wanderfalken über dem Lilienstein, und am Abend des 15. Mai 2002 jagte ein Paar längere Zeit über dem Kiefernwald eines ehemaligen Brutplatzes, ohne daß eine Ansiedlung bestätigt werden konnte.

Zwischenzeitlich ausgestorben, ist der **Wanderfalke** (*Falco peregrinus*) heute wieder ein fester Bestandteil der heimischen Vogelwelt. Die Sandsteinfelsen des Elbsandsteingebirges waren früher ein Verbreitungsschwerpunkt dieses Falken in Mitteleuropa, und sie sind es heute wieder.

Dank verschiedener Beobachter sind wir recht gut über die Bestandsverhältnisse der Art unterrichtet. Als erster ermittelte 1914 R. Heyder durch eine Umfrage bei allen Forstämtern neun Brutplätze. Etwa zehn Jahre später kannte R. Zimmermann durch eigene Beobachtungen einen Brutbestand von jährlich etwa acht Paaren. 1930 wurden durch die Beobachtungen K. Kleinstäubers zwölf Paare bestätigt. Diese Zahl könnte sich bis zum 2. Weltkrieg gehalten haben.

Danach setzte ein kontinuierlicher Rückgang ein. An den Brutplätzen flogen kaum noch Jungfalken aus. Zogen 1960 noch drei Wanderfalkenpaare sieben Jungfalken groß, flog 1964 der letzte Jungvogel aus einem Horst im Rathener Felsgebiet aus, und die Zahl der Brutpaare verringerte sich von noch sechs 1963 auf eins im Jahre 1972. Danach galt der Wanderfalke in ganz Sachsen als ausgestorben.

Historisches Foto eines Wanderfalkenhorstes in den Thorwalder Wänden Ende der 1930er Jahre

Die Hauptursache dafür waren infolge der sehr großen Pestizidbelastung der Altvögel, hauptsächlich durch das Insektengift DDT, dünnschalige Eier und eine damit verbundene hohe Embryonensterblichkeit.

Das Aussterben des Wanderfalken war also „vorprogrammiert". Hierbei konnten weder intensive Horstbewachung an einigen Plätzen, als auch der 1965 gemachte Versuch der künstlichen Bebrütung aus zwei Horsten entnommener Eier nichts ändern, da auch diese sich als dünnschalig erwiesen. Ein erstes solches dünnschaliges Gelege, mit einer Reduktion der Eischalendicke um 25 % sowie Eier ohne Kalkschale, wurde schon 1955 im Polenztal gefunden.

Der Auswilderungskasten am Lilienstein

Brütender Wanderfalke

Nach dem Aussterben der Art gelangen zehn Jahre lang keine Wanderfalkenbeobachtungen mehr, in den darauf folgenden zehn Jahren deren acht.

1989 wurde am Lilienstein ein Wiederansiedlungsprogramm gestartet, bei dem bis 1996 69 gezüchtete junge Wanderfalken, jährlich etwa zehn, über einen Kunsthorst in die freie Wildbahn gelangten.

1992 erfolgte die erste Ansiedlung solcher ausgewilderter Wanderfalken vom Lilienstein und schon im folgenden Jahr zogen drei Paare fünf Junge groß. Bei geringer Jungvogelanzahl wurden diesen Paaren gezüchtete Jungfalken passenden Alters zugesetzt. Diese Adoptionsmethode wird zur Bestandsstützung bei verschiedenen Arten angewandt, denn Greifvögel bemerken nicht, ob sie mehr Schnäbel stopfen müssen, sie füttern einfach so viele Jungvögel wie sie im Nest vorfinden.

1994 wurden abermals fünf, 1995 vier und 1996 sieben Junge flügge. Auch im benachbarten böhmischen Teil kam es jetzt zu Wanderfalkenansiedlungen und ersten Bruten. Deutlich dokumentiert die Graphik auf Seite 70 den steten Anstieg der Population. Im Jahre 2002 lebten in der Sächsischen Schweiz elf Wanderfalkenpaare und 25 Jungvögel flogen aus. Im böhmischen Gebietsteil zogen fünf Paare sieben Jungfalken auf.

Seit 1999 ist der Wanderfalke auch im 40 km entfernten Zittauer Gebirge und seit 2002 im ähnlich weit entfernten Böhmischen Mittelgebirge / České středohoří wieder Brutvogel.

Gelege vom Wanderfalken

Junge Wanderfalken im Horst

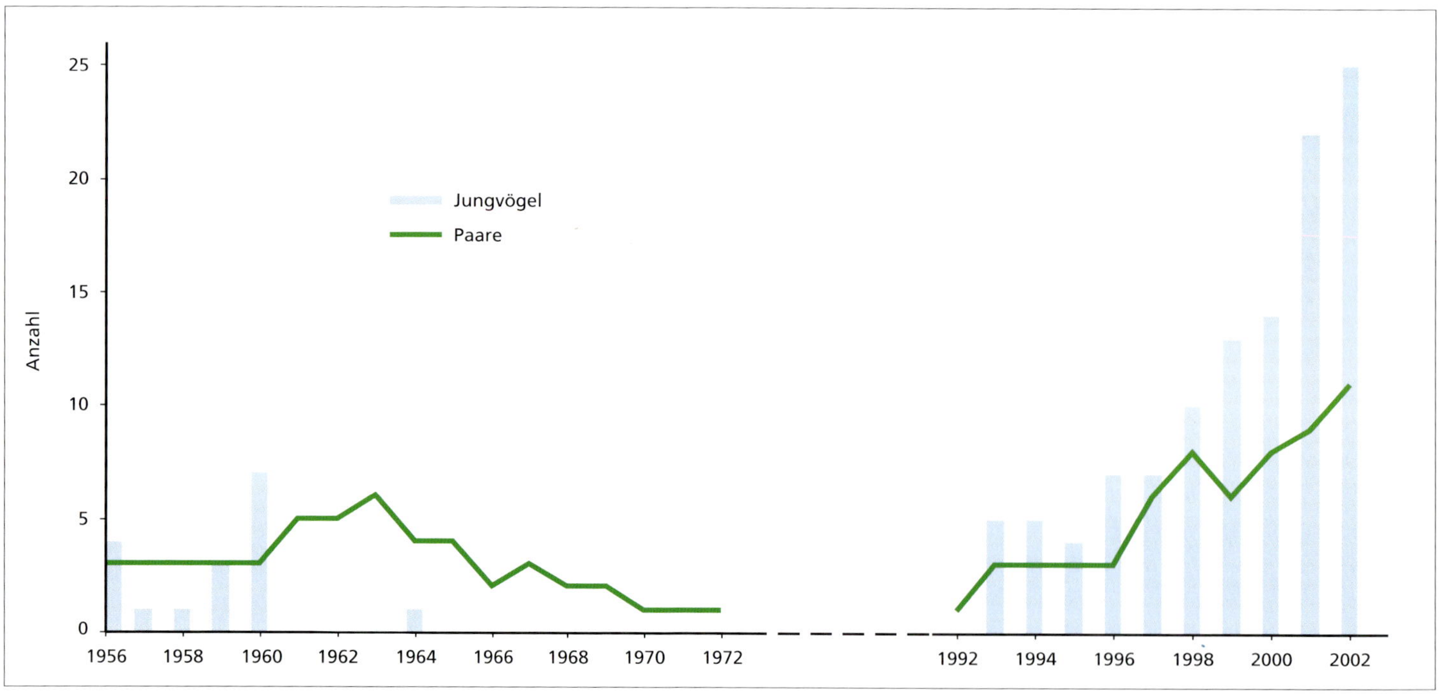

Bestandsentwicklung des Wanderfalken in der Sächsischen Schweiz

Alle im Elbsandsteingebirge ausgewilderten sowie alle in Wildhorsten großgewordenen Jungfalken sind mit individuellen Kennringen, mit sehr wenigen Ausnahmen auch im böhmischen Gebietsteil, markiert. Aus deren Ablesung wissen wir, daß Wanderfalken aus unserer Region in Prag, Köln, im Ostharz, im Zittauer Gebirge, in den Adersbacher Felsen und im Altvatergebirge brüten. Umgekehrt fanden wir im Elbsandsteingebirge Brutvögel aus Baden-Württemberg, Schleswig-Holstein, Mecklenburg und Prag.

Genau wie beim Habicht sind auch beim Wanderfalken die Weibchen deutlich größer als ihre Partner, daher auch der Name *„Terzel"*, von Terz / ein Drittel abgeleitet, für die Männchen. Die Jungvögel sind unterseits dunkelbraun auf ockerfarbenem Grund längsgefleckt, während die Altfalken auf weißlichem Grund dunkel quergebändert sind.

Wie in *„Über Berg und Tal"* Nr. 27 aus dem Jahre 1904 berichtet wurde, beteiligten sich einst Bergsteiger am Vernichtungsfeldzug gegen die Wanderfalken, oft im Auftrag der Forstverwaltungen. Noch im Jahre 1932 wurden nach R. März im Polenztal die Jungfalken von Kletterern ausgenommen. Heute helfen Bergsteiger und interessierte Personen bei der Bewachung von Wanderfalkenbruten, und alle sollten **„mit berechtigtem Heimatstolz"**, so Förster (1938) auf den *„Vogel der Vögel"*, wie der bekannte Verhaltensforscher Konrad Lorenz den Wanderfalken nannte, schauen, den viele vor etwa dreißig Jahren als unwiederbringlich verloren glaubten.

Nicht unerwähnt bleiben darf in diesem Zusammenhang der Nachweis einer erfolgreichen Brut eines Hybrid-Falken im Jahr 2001 in den Schrammsteinen. Dieses Männchen ist eine von Menschenhand erzeugte Kreuzung zwischen dem Wanderfalken und dem im Norden Amerikas, Asiens und Europas beheimateten Gerfalken (*Falco rusticolus*), dem größten Falken der Erde. Solche Hybriden werden künstlich erzeugt, um für die Beizjagd die besten Jagdeigenschaften beider Arten zu vereinen und sie resistent gegen Krankheiten in wärmeren Klimazonen zu machen. Obwohl von den Züchtern immer wieder versichert wurde, daß sich solche Falken in freier Natur nicht fortpflanzen, gibt es mittlerweile zunehmend mehr Beobachtungen dieser Art in Deutschland, Skandinavien, der Slowakei usw. und fast immer betrifft es Männchen. Die beiden geschlüpften Jungvögel und ihr Erzeuger wurden der Natur entnommen und stehen für weiterführende Untersuchungen zur Verfügung.

Als ornithologische Sensation siedelte sich 1997 der **Würgfalke** (*Falco cherrug*), auch Sakerfalke genannt, ein Vertreter der südosteuropäisch-asiatischen Vogelwelt, als Brutvogel im Elbsandsteingebirge an.

Ob diese Art ehemals im Gebiet brütete, ist heute nicht mehr nachvollziehbar. In einem Dekret von 1560 wurde den Aufsichtsbeamten über die Wälder von Hohnstein und Königstein befohlen, darüber zu wachen, *„daß niemand Falken, Blaufüße oder dergleichen Vögel absteige und verhandle"* (Heyder 1952). Durch die Doppelnennung, Falken und Blaufüße, könnte ein Hinweis dafür gegeben sein, denn junge Würgfalken

Fast flügge Würgfalken aus dem Jahr 2001

Würgfalkenmännchen

haben bläuliche, junge Wanderfalken hingegen gelbliche Füße.

Einstige böhmische Brutplätze in den dreißiger Jahren des vorigen Jahrhunderts lagen nur 45 bzw. 65 km südlich vom Elbsandsteingebirge. Heute liegen die nächsten bekannten Brutplätze dieser Art über 200 km östlich.

Bereits im Frühjahr 1996 konnte im späteren Brutrevier und am Lilienstein mehrfach ein Männchen festgestellt werden. In den Jahren 1997 bis 2001 brüteten diese größten mitteleuropäischen Falken in verschiedenen Horsten im warmen Elbtal. In den ersten drei Jahren scheiterten die Bruten. Der Uhu war wieder einmal der Stärkere gewesen. Im Jahr 2000 flogen die ersten deutschen Würgfalken aus einem Felsenhorst im Elbsandsteingebirge aus. Auch im folgenden Jahr wurden zwei Jungvögel flügge. Leider kam im Frühjahr 2002 nur das Weibchen zum Horstplatz zurück, so daß diese hoffnungsvolle Ansiedlung, einer in ganz Deutschland nur hier zu beobachtenden Brutvogelart, erst einmal zu Ende ist.

Auch an anderen Stellen im Elbsandsteingebirge kamen Würgfalken zur Beobachtung, so am Pfaffenstein, am Lilienstein, an den Bärenfangwänden und im böhmischen Elbtal. Immer hielten sie sich in der Nähe von Wanderfalkenhorsten auf. Das an den Bärenfangwänden beobachtete Weibchen stritt sogar heftig mit dem Wanderfalkenweibchen um dessen Horst.

Hühner

Hühnervögel unterteilen sich in Rauhfußhühner, Feldhühner und Fasane. Erstere haben befiederte Beine und mitunter auch Zehen, leben überwiegend auf dem Boden, suchen ihre Nahrung aber nicht selten auch auf Bäumen. Männchen und Weibchen sind hinsichtlich Größe und Färbung im allgemeinen verschieden. Feldhühner sind relativ kleine, kurzschwänzige Bodenvögel von rundlicher Gestalt.

Alle drei Rauhfuß- oder Waldhuhnarten sind derzeit im Elbsandsteingebirge als ausgestorben zu betrachten.

Als erste Art verschwand das bunte **Haselhuhn** (*Bonasa bonasia*) aus unseren Wäldern. Die letzten bekannten Brutplätze waren in den 1920er Jahren das Arnstein- und das Winterberggebiet. Am Großen Winterberg traf FÖRSTER (1938) um 1920 noch eine Henne mit ihrem Gesperre. Auch Forstmeister LOHWASSER beobachtete 1942 eine Henne mit Jungvögeln im Lagergrund bei der Balzhütte in Böhmen.

Einzelne Sichtungen vor dem 2. Weltkrieg gab es noch bei Hinterhermsdorf. Die wohl letzte sächsische Beobachtung gelang K. und P. AUGST Ende der 1940er Jahre im Knechtsbachtal. Spätere Haselhuhnfeststellungen, vor allem aus dem linkselbischen Gebiet, müssen angezweifelt werden, zumal dabei oft von Ansammlungen mehrerer Tiere, wie sie aber für das monogam lebende Waldhuhn völlig untypisch sind, berichtet wurde.

Der Rückgang der Haselhühner begann mit der forstlichen Umstellung der Wälder schon recht früh. Monotone Fichtenforsten ersetzten großflächig laubholzreiche Mischwälder mit mannigfaltigen Strukturen, wie Windwürfen oder Brandflächen. Weichlaubhölzer wie Aspe, Birke und Eberesche, welche für die Ernährung des Haselhuhns unabdingbar sind, wurden stetig aus jeder Kultur „gepflegt“.

Wie hoch der Bestand dieses kleinen Waldhuhnes noch vor fast 200 Jahren war, belegt ein altes Pirschverzeichnis des Ottendorfer Forstrevieres. Danach wurden in der Zeit von 1817 bis 1836 51 Haselhühner in den Thorwalder Wänden erlegt. Bis 1904 kamen dann nur noch 11 Haselhühner zur Strecke.

Zum Haselhuhn wurde um das Jahr 2000 eine Studie zu den Rückgangsursachen und zur Möglichkeit der Wiederansiedlung im Gebiet angefertigt. Daraus geht hervor, daß die Habitatbedingungen derzeit recht gut sind und sich ständig weiter verbessern, so daß die Chancen für eine Wiedereinbürgerung der Art positiv eingeschätzt werden.

Ebenfalls durch Veränderungen in der Waldstruktur nahm auch die Bestandsentwicklung beim **Birkhuhn** (*Tetrao tetrix*) einen negativen Verlauf. MÄRZ (1957) berichtete von drei balzenden Birkhähnen auf dem abgebrannten Plateau des Großen Zschirnsteines. Dank der jahrelangen Beobachtungen des dortigen Revierförsters R. LAUBE sind wir gut über Aufleben

Haselhuhn im Sandbad

und Niedergang dieser Population unterrichtet. Ein erster Hahn wurde 1949 auf dieser Brandfläche gesichtet. Die Zahl der Hühner wuchs stetig und erreichte 1957 mit ca. 25 balzenden Hähnen ihren Höhepunkt.

Danach kam es zum Abwandern einzelner Tiere und somit zur Neugründung kleinerer Vorkommen in näherer und weiterer Umgebung, welche aber nicht sehr beständig waren. So balzten auf einer Brandfläche auf den Partschenhörnern im Großen Zschand 1959 drei Birkhähne, aber bereits 1961 balzte zum letzten Mal ein Hahn. Mit dem Hochwachsen der Kulturen, aber sicher auch durch das Einwandern des Wildschweins nach dem Kriege, erfolgte ein steter Rückgang und in den 1970er Jahren galt die Beobachtung eines Birkhuhnes schon als eine Rarität.

Durch das Waldsterben in der südlichen Sächsischen Schweiz und die damit einhergehende Verkahlung größerer Waldgebiete verbesserte sich die Habitatsituation für Birkhühner schlagartig, und es gelangen im Grenzgebiet südlich von Rosenthal kurzzeitig wieder Beobachtungen und Brutnachweise. Dichtes Zupflanzen der gerodeten Waldflächen auf sächsischer Seite und illegaler Abschuß von Hähnen während der Balz jenseits der Landesgrenze machten diese hoffnungsvolle Entwicklung rasch wieder zunichte.

Balzender Birkhahn

1956 wurde dieser balzende Auerhahn im Domgebiet beobachtet.

Obwohl Förster (1938) und März (1957) das **Auerhuhn** (*Tetrao urogallus*) schon zu ihren Zeiten als recht selten und im Bestand stets abnehmend bezeichnen, hielt sich bis um 1960 in der Hinteren Sächsischen Schweiz noch eine lebensfähige Population von über 30 Vögeln – aus dem Basteigebiet war das scheue Waldhuhn schon in den 1930er Jahren verschwunden.

Rapide brachen dann die Bestände in kürzester Zeit zusammen. Balzten im Domgebiet 1960 noch fünf bis sechs Hähne, so blieb dort 1967 nur noch eine Henne übrig.

Auf dem Balzplatz im Großen Zschand verlief diese Entwicklung analog. K. August und J. Ebert beobachteten auf dem Jortan 1960 noch acht Auerhähne bei der Balz, aber bereits sechs Jahre später war auch dieser Platz verwaist. Im Jahre 1967 wurde in dessen Nachbarschaft noch ein balzender Hahn mit fünf Hennen festgestellt.

Dieser wohl letzte Hahn wurde im April 1971 von einem tschechischen Grenzer abgeschossen. Beobachtungen einzelner Hennen in den Thorwalder Wänden, auf den Partschenhörnern und auf den Felsriffen westlich davon gelangen noch bis ins Jahr 1974.

Im angrenzenden böhmischen Teil versiegten die Nachweise etwa zehn Jahre später. Als letzter Nachweis dort gilt der Fund einer Jungvogelrupfung im Jahr 1983 bei Hinterdaubitz im Kirnitzschtal.

In den linkselbischen Wäldern datiert die letzte Beobachtung eines Auerhahns bereits aus dem Jahre 1965. Hier schoß König Albert noch bis 1887 allein auf Reinhardtsdorfer Revier 32 Auerhähne.

Gemeinsam mit der Studie zum Haselhuhn wurde auch die mögliche Wiederansiedelung des Auerhuhns geprüft. In deren Ergebnis fand man, daß neben der forstlichen Umstrukturierung der Wälder, als Rückgangsursache für alle Waldhühner, vor allem auch die touristische Entwicklung für das Aussterben dieser Art verantwortlich war. Nach den gewonnenen Ergebnissen scheinen für eine Wiedereinbürgerung des Auerhuhns derzeit noch keine optimalen Verhältnisse vorzuliegen.

Rebhühner

Rebhühner werden im Raum Lohmen-Wehlen freigelassen.

Noch in den sechziger Jahren des vergangenen Jahrhunderts war das etwa taubengroße **Rebhuhn** (*Perdix perdix*) ein recht verbreiteter Vogel der Feld- und Wiesenlandschaften der Sächsischen Schweiz.

Bis Mitte der 1960er Jahre suchten in den Wintern die Rebhuhnvölker unter den Beerensträuchern der Gärten am Dorfrand von Lichtenhain und Mittelndorf Zuflucht. Auch in den Beutelisten der heimischen Uhus tauchten immer wieder Rebhühner auf, mitunter in beachtlicher Zahl. In den siebziger Jahren und zu Beginn der 1980er Jahre waren Rebhühner als Brutvögel in der Umgebung von Ottendorf, Lichtenhain, Mittelndorf, Ostrau, Lohmen und Wehlen bekannt.

Als man begann, Hecken zu roden, großflächige, monotone Felder einzurichten und intensiv Herbizide und Biozide in der Landschaft zu versprühen, mußte das Rebhuhn weichen. Als letzte Brutnachweise gelten zwei Gesperrebeobachtungen bei Pirna-Copitz aus den Jahren 1980 und 1990.

In den Jahren 2000 bis 2002 wurden jeweils im August durch die Jäger vom Hegering „Bastei“ 410 in Gefangenschaft vermehrte Rebhühner im Raum Lohmen-Wehlen in die Freiheit entlassen. Vorausgegangen waren Studien zur Eignung der Landschaften und Biotopverbesserungen, besonders im Raum südlich der Herrenleite. Hier, wo sich das kleine Feldhuhn am längsten halten konnte, könnte es auf Grund der Struktur der Agrarlandschaft am ehesten gelingen, die Art im Elbsandsteingebirge wieder heimisch zu machen.

Rebhuhnbeobachtungen in jüngster Zeit bei Birkwitz, Pirna-Copitz, Lohmen, Wehlen, Rathewalde und Zeschnig sprechen für einen gewissen Erfolg dieser Aktionen.

Der **Wachtel** (*Coturnix coturnix*), sie ist nur etwa so groß wie eine Drossel, machen Lebensraumveränderungen wohl nicht sehr viel aus, da sie sich als Zugvogel jährlich immer wieder neu geeignete Habitate suchen kann. Um 1960 noch ein regelmäßiger Brutvogel, vor allem in den Feldern, war der kleinste europäische Hühnervogel 25 Jahre später schon deutlich seltener.

Heute, wo Brachflächen und geförderte naturnahe Nutzung landwirtschaftlicher Flächen geeignete Biotope schaffen, kann man die Wachtel wieder als regelmäßigen Brutvogel, wenngleich mit jahreweisem schwankenden Bestand, bezeichnen.

Aber nicht nur auf Feldern und großen Wiesen sind Wachteln zu finden. Mehrere Jahre war ihr Ruf, der wie *„pickperwick"* klingt, auch von Buschmüllers Räumicht, einer Wiese mitten im Wald, zu hören und im September 1996 flog eine Wachtel vor den Füßen der Wanderer oben auf den Felsen bei den Hinteren Partschenhörnern auf.

Wachteln erscheinen bei uns Ende Mai im Brutrevier und verlassen es Anfang September wieder.

Den eingebürgerten **Fasan** (*Phasianus colchicus*), an seinem langen, spitz zulaufenden Schwanz sind beide Geschlechter gut zu erkennen, bezeichnet FÖRSTER (1938) zur damaligen Zeit noch als überall in geeigneten Biotopen zu Hause. Dieses einst häufige Vorkommen belegt auch die Jagdstrecke von 3467 Stück im Kreis Pirna in den Jahren 1935 bis 1937.

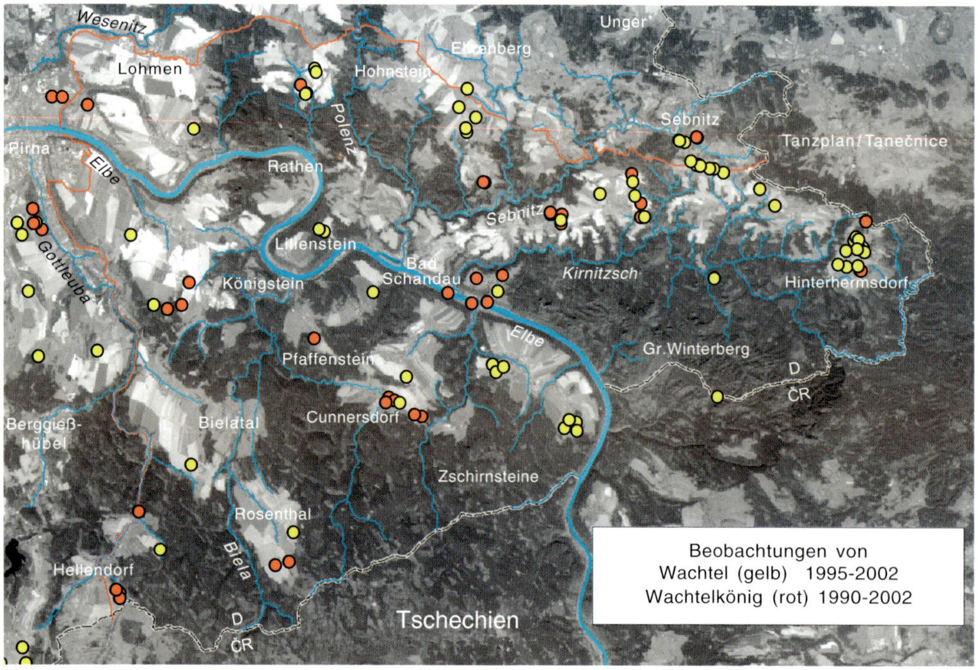

Beobachtungen von
Wachtel (gelb) 1995-2002
Wachtelkönig (rot) 1990-2002

MÄRZ (1957) berichtet dann vom *„auffälligen Verschwinden"* des auch Jagdfasan genannten Hühnervogels während seiner Beobachtertätigkeit.

Jährliche Aussetzungen dieser Art durch die Jägerschaft während der DDR-Zeit hielten wiederum lokale Bestände, vor allem im klimatisch warmen Elbtal, lange Zeit stabil. Es existiert nur ein Brutnachweis aus dem Jahre 1981 bei Pirna-Copitz.

Heute gehören Aussetzungen oft nur einiger weniger Tiere durch einzelne Jäger zur Seltenheit und der Fasan kann derzeit wohl nicht mehr als ein Brutvogel der Sächsischen Schweiz bezeichnet werden.

Rallen

Rallen, auch Sumpfhühner genannt, führen ein verstecktes, oft nächtliches Leben und sind, wie es der Beiname sagt, überwiegend Bewohner feuchter Sumpfgebiete.

Die **Wiesenralle** (*Crex crex*), auch Wachtelkönig genannt, ist im Gegensatz zu den anderen Rallenarten nicht an Sumpf- oder Schilfflächen gebunden.

Der Wachtelkönig lebt, ähnlich der Wachtel, in Wiesen und „naturnahen" Feldern, wird aber auf Grund seiner überwiegend nächtlichen Lebensweise oft übersehen.

Die Wiesenralle erscheint in der ersten Maidekade im Brutgebiet. Ihr volkstümlicher Name „Wachtelkönig"erklärt uns den Vogel als „König, der die Wachteln als sein Gefolge nachkommen läßt", bzw., daß er ungefähr den gleichen Lebensraum bewohnt, aber größer als eine Wachtel ist. Die „Faule Moad", wie die Wiesenralle im Volksmund genannt wird, ist ein regelmäßiger, aber seltener Brutvogel im Gebiet, wobei in den letzten Jahrzehnten nur 1996 auf den Elbwiesen bei Krippen ein Brutnachweis erbracht werden konnte. Seine vor allem in der Dämmerung zu hörende Rufe klingen wie *„rerrp-rerrp"*.

Enger an das offene Wasser gebunden sind die **Teichralle** (*Gallinula chloropus*) mit der roten und die **Bleßralle** (*Fulica atra*) mit einer weißen Stirnplatte und einem hellen Schnabel, die auch als Teich- bzw. Bleßhuhn bezeichnet werden.

Von beiden liegen nur wenige Brutnachweise vor und ein regelmäßiges Vorkommen gibt es nur in den Randbereichen, vor allem am Birkwitzer Graben. Von der Bleßralle wurden zum Teil große Zahlen überwinternder Vögel auf der Elbe bekannt, so in verschiedenen Jahren 200 bis 600 Exemplare, maximal aber auch 1600 Tiere auf 40 km Elbestrom.

Bleßrallen an der Elbe

Watvögel

Die Limicolen, wie die Watvögel wissenschaftlich genannt werden, umfassen verschiedene Familien, artenreichste sind die Regenpfeifer und die Schnepfen.

Der nur 15 cm große **Flußregenpfeifer** (*Charadrius dubius*) ist ein seltener Brutvogel in den Randgebieten der Sächsischen Schweiz. An der Elbe, wo die Art noch nach 1918 auf Kiesbänken bei Königstein brütete, ist er nur noch gelegentlich auf dem Durchzug zu beobachten. An verschiedenen Kiesgruben, so bei Pratzschwitz, Jessen und Zatschke, aber auch auf dem Sportplatz Lohmen, auf dem Baugelände in Copitz und am Kohlberg bei Pirna sind Bruten noch in den neunziger Jahren des letzten Jahrhunderts festgestellt worden, doch könnte die Art in Jahren mit niedrigem Wasserstand vielleicht auch hin und wieder an der Elbe brüten.

Sowohl auf dem Herbst-, häufiger aber auf dem Frühjahrsdurchzug berührt der **Kiebitz** (*Vanellus vanellus*) unser Gebiet. Dabei werden regelmäßig einige Exemplare von den Wanderfalken geschlagen. Die Stärke der Schwärme ist recht unterschiedlich, doch konnten Ansammlungen von bis zu 2000 Tieren beobachtet werden. Vereinzelt und wohl nicht in jedem Jahr brüten auch einige Paare in den Randlandschaften der Sächsischen Schweiz, so bei Birkwitz, Pirna-Copitz, Mockethal, Lohmen, Wehlen, Hohnstein und Lohsdorf. Der taubengroße Kiebitz ist leicht an seinem Federschopf und dem schwarz-weißen, oberseits grünlich schimmernden Gefieder sowie an seinem gaukelnden Flug zu erkennen.

Die auf feuchten bis nassen Wiesen mit nur wenig Buschwerk vorkommende, etwa drosselgroße **Bekassine** (*Gallinago gallinago*) kannte FÖRSTER (1938) aus der Umgebung von Hellendorf und Markersbach. MÄRZ (1957) betont ihr Fehlen im Gebiet, doch hatte sich die Art noch bis Ende der 1970er Jahre an den von FÖRSTER (1938) genannten Orten gehalten und verschwand erst nach der Melioration dieser Flächen. Es gelang dort auch ein Nestfund im Jahre 1977. Brutverdacht bestand weiterhin im Raum Pratzschwitz-Copitz-Mockethal, und nach 1990 wurden balzende Bekassinen auf den feuchten Kahlschlägen südlich von Rosenthal beobachtet. Regelmäßig erscheinen Bekassinen auf dem Durchzug, doch sind diese schwer zu beobachten.

Die **Waldschnepfe** (*Scolopax rusticola*) ist ein regelmäßiger und über das gesamte Gebiet verbreiteter Brutvogel. Schon FÖRSTER (1938) und MÄRZ (1957) nennen verschiedene Orte, wo Waldschnepfen zur Brutzeit beobachtet wurden.

Möglicherweise ist die Art aber häufiger geworden; es gelangen Brutnachweise vor allem im grenznahen südlichen Waldrevier und in der Hinteren Sächsischen Schweiz (siehe auch Verbreitungskarte in der Sächsischen Schweiz gemeinsam mit der Hohltaube auf S. 80).

Die taubengroßen Waldschnepfen, deren Gefiederfärbung vortrefflich dem Boden angepaßt ist, sind recht schwer zu beobachten und man kann sie am ehesten durch die markanten Rufe feststellen, wenn die Vögel im Frühjahr, in der Abend- und Morgendämmerung, über ihren Revieren Runden fliegen. Hohe, scharfe *„psiep“*-Rufe wechseln mit tiefen leiseren *„quorr“*-Reihen. Schwerpunkte des Durchzuges sind der März und der Oktober. In milden Wintern bleiben möglicherweise einzelne Tiere im Gebiet, dies wird nach Beobachtungen im Dezember und Februar vermutet.

Regelmäßige Durchzügler sind die beiden Zwillingsarten **Waldwasserläufer** (*Tringa ochropus*) und **Bruchwasserläufer** (*Tringa glareola*). Ersterer ist ein Brutvogel einsamer Waldteiche und auch in Sachsen zu Hause, der andere berührt unser Gebiet zur Zugzeit von Skandinavien her kommend.

Ebenfalls regelmäßig zieht der drosselgroße **Flußuferläufer** (*Actitis hypoleucos*) durchs Gebiet und wird dann vor allem an der Elbe bemerkt. Früher dürfte er dort noch ständiger Brutvogel gewesen sein. MÄRZ (1957) hegte 1951 Brutverdacht am Zusammenfluß von Sebnitz und Polenz. Ein Gelegefund an der Elbe in der Nähe des Postelwitzer Zeltplatzes im Jahre 1982 läßt gelegentliches Brüten der Art im Gebiet als wahrscheinlich erscheinen. Ende der 1980er Jahre bestand Brutverdacht auch an der Kiesgrube Pratzschwitz.

Flußuferläufer am Elbufer

Möwen und Seeschwalben

Möwen und Seeschwalben sind Brutvögel der Meeresküsten, größerer Binnenseen, Flüsse sowie Teich- und Sumpflandschaften. Möwen sind von gedrungener Gestalt, breitflügeliger und langbeiniger als die Seeschwalben. Die meisen Arten haben viel Weiß im Gefieder. Beide Familien sind keine typischen Vertreter der Vogelwelt des Elbsandsteingebirges.

Als häufigste Möwe am Elbestrom versuchte die **Lachmöwe** (*Larus ridibundus*) in den Jahren 1983 und 1984 auf einer Insel in der Kiesgrube Pratzschwitz zu brüten. Sie ist vor allem im Winter überall an der Elbe zu finden und mitunter fliegen kleinere Gruppen auch größere Strecken über Land. So erbeuteten die Wanderfalken im Bielatal und im Großen Zschand einige Lachmöwen. Durch das Ablesen der Ringe markierter Vögel konnte deren Herkunft ermittelt werden. So fanden sich unter anderem Lachmöwen von Helgoland, Helsinki, Kopenhagen, London, Moskau, Prag, Riga und Sempach unter den gemusterten Exemplaren.

Silbermöwe mit Fisch bei Rathen

Schwimmende Lachmöwe im Ruhekleid

Die **Sturmmöwe** (*Larus canus*) ist etwa seit 1990 ein regelmäßiger Durchzügler und Wintergast. Früher gelangen durchaus nicht in jedem Jahr Beobachtungen dieser Art. Es wurden neuzeitlich mehrfach Ansammlungen von etwa 100 Tieren, im November 1993 sogar von mindestens 300 Möwen dieser Art gezählt.

Ebenfalls zu einer regelmäßigen Erscheinung in den Wintermonaten ist die **Silbermöwe** (*Larus argentatus*) im letzten Jahrzehnt geworden. Im November 1993 wurden an der Kiesgrube Pratzschwitz mindestens 100 Silbermöwen gezählt.

„... die Zeiten, da an der Elbe, auf den Sandhegern ***Flußseeschwalben*** *(Sterna hirundo)... ihre Nester hatten, sind lange vorbei.“* – so März (1957). Und in der Tat gibt es bis heute aus der Sächsischen Schweiz nur wenige Nachweise dieser in Sachsen brütenden Art, so im Juli 1997, im Mai 1998, im Juli 1999 und im Mai 2000 an der Kiesgrube Pratzschwitz sowie im Mai 2000 am Birkwitzer Graben.

Tauben und Kuckuck

Die in vielen Farbspielarten auftretende **Haustaube** (*Columba livia domestica*) kommt in allen Städten und einigen Dörfern vor und brütet dort an und in Gebäuden.

Wohl gelegentlich, in Anlehnung an die Brutgewohnheiten ihrer Stammform, der Felsentaube, werden Bruten auch an Sandsteinfelsen, so 1987 am Lilienstein, gezeitigt.

Hohltaube schaut aus der Bruthöhle.

Die **Hohltaube** (*Columba oenas*), ihr fehlt jegliches Weiß am Körper und von nahem erkennen wir die purpur-grünlich schillernden Halsseiten und die zwei kurzen schwarzen Binden auf den Flügeln, besitzt im Elbsandsteingebirge einen Verbreitungsschwerpunkt in Sachsen (siehe auch Verbreitungskarte in der Sächsischen Schweiz gemeinsam mit der Waldschnepfe).

Ihr hauptsächliches Bruthabitat sind die rotbuchenreichen Basaltberge, aber auch Altbuchengruppen oder Einzelbäume mit Schwarzspechthöhlen. Einzelne Paare nisten auch in Höhlen größerer Dürrkiefern an den Felswänden und etwa 20 % des Gesamtbestandes der 80 bis 100 in der Sächsischen Schweiz lebenden Paare brüten in Felslöchern. Hohltauben sind Zugvögel, sie kommen aber mitunter schon im Februar in die Brutgebiete zurück.

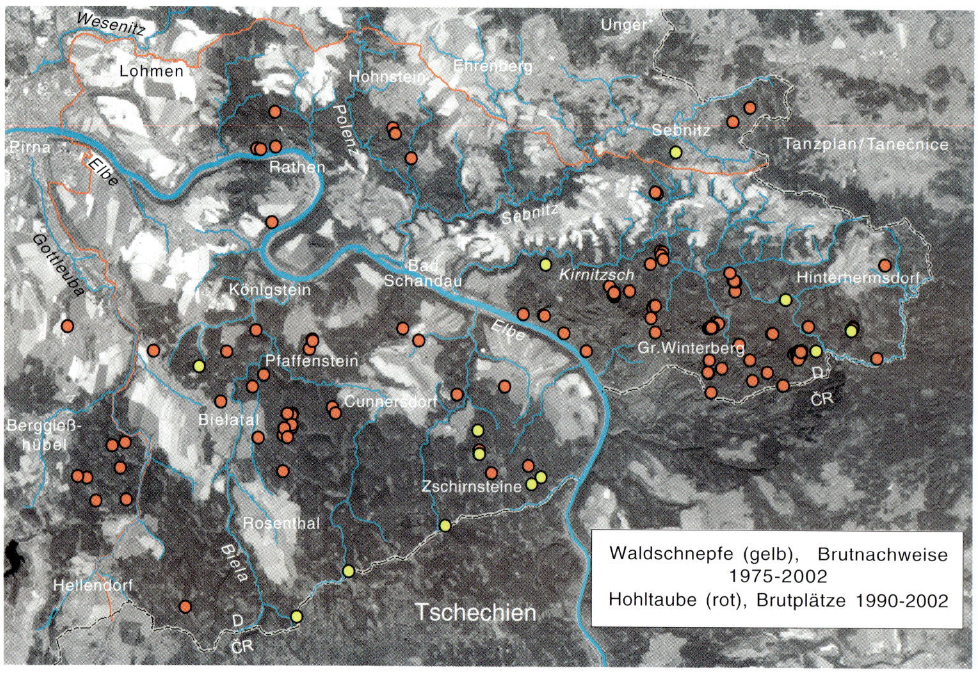

Unsere größte Taubenart ist die **Ringeltaube** (*Columba palumbus*), kenntlich an den weißen Halsflecken und der gleichfarbigen Flügelbinde. Auch sie ist schon recht zeitig im Jahr im Brutgebiet anzutreffen.

Ringeltauben brüten in fast allen Waldgesellschaften des Elbsandsteingebirges und werden gelegentlich auch als Felsbrüter bestätigt; so fand sie schon ZIMMERMANN (1931) brütend an den Postelwitzer Steinbrüchen. Aber auch in Dörfern und Städten findet man die Art als selteneren Brutvogel, ausnahmsweise sogar an Gebäuden nistend. Die Rufe der Hohltaube klingen wie *„Huuwutt, huuwutt, huuwutt...“*, die der Ringeltaube hingegen wie *„grúh gru grugru gru grúh“*.

Die am beigebraunen Gefieder und schwarzen Nackenring erkennbare **Türkentaube** (*Streptopelia decaocto*) wanderte in Sachsen vor etwa 50 Jahren ein. Der erste Brutnachweis der Art im Elbsandsteingebirge wurde 1952 in Rathewalde gemacht. Rasch breitete sich die Türkentaube aus und besiedelte die Ortschaften und deren Randlagen. Es existiert kein Brutnachweis aus größeren Waldgebieten sowie Feldgehölzen in einiger Entfernung zum nächsten Ort. So wurde die Art bisher auch erst einmal als Rupfung beim Wanderfalken gefunden.

Heute ist die Türkentaube schon lange nicht mehr so häufig wie noch vor 20 Jahren, und es hat den Anschein, als ginge der Bestand stetig weiter zurück. Türkentauben bleiben das ganze Jahr über im Gebiet und es finden sich in den Wintermonaten größere Ansammlungen von bis zu 100 Tieren an geeigneten Nahrungsplätzen.

Die **Turteltaube** (*Streptopelia turtur*) ist wiederum ein echter Zugvogel, welcher erst Ende April im Elbsandsteingebirge eintrifft. Diese Art brütet vor allem linkselbisch um Bielatal und Rosenthal im Anschluß an das Osterzgebirge, wurde aber auch bei Raum, Cunnersdorf, Gohrisch, Papstdorf, Kleingießhübel und Reinhardtsdorf beobachtet, wo sie sicher auch Brutvogel ist.

Junger Kuckuck im Nest

Türkentaubenpaar und Amsel – ein Größenvergleich

Die Turteltaube meidet die geschlossenen Fels-Waldreviere und wurde rechtselbisch bei Wehlen, Rathen, Rathewalde, Hohnstein, Waltersdorf, Goßdorf, Sebnitz und Hinterhermsdorf beobachtet. In den Beutelisten der heimischen Wanderfalken tauchte die Art erst zweimal auf.

Die Turteltaube ähnelt ein wenig der vorigen Art, hat aber eine rotbraune Oberseite und ein schwarz-weißes Muster an den Halsseiten. Die Türkentaube ruft *„du, duu, du“* die Turteltaube schnurrend *„türrr“*.

Der **Kuckuck** (*Cuculus canorus*) ist durch seinen bezeichnenden, namengebenden Ruf wohl jedem bekannt, wird aber, da er recht scheu ist, wesentlich seltener beobachtet als gehört. Er war früher deutlich häufiger als er es zur jetzigen Zeit ist. Der Kuckuck ist ein Brutschmarotzer und legt seine Eier in die Nester verschiedener Singvögel. Als Wirtsvogel wurden im Gebiet folgende Arten bekannt: Bachstelze, Gebirgsstelze, Grauschnäpper, Rotkehlchen, Gartengrasmücke, Teichrohrsänger, Sumpfrohrsänger, Neuntöter und Star.

Eulen

Das Vorkommen der **Schleiereule** (*Tyto alba*) beschränkt sich derzeit wohl ausschließlich auf Gebäudebrutplätze in Pirna. FÖRSTER (1938) und MÄRZ (1957) bezeichneten die ca. 35 cm große Eule schon zu ihrer Zeit als selten und Brutplätze fanden sich überwiegend nur im nordwestlichen Teil der Sächsischen Schweiz. Anfang der fünfziger Jahre des vergangenen Jahrhunderts wurde ein doch bemerkenswerter Brutplatz in einem Steinbruch bei Pirna bekannt. Schließlich war diese Eulenart früher sicher ein Bewohner von Felsen und folgte, wie viele andere Tierarten, in die „Kunstfelsen" der Städte und Dörfer.

Von 1971 bis 1979 konnten 25 Brutnachweise erbracht werden, vor allem im Pirnaer und angrenzenden Osterzgebirgsraum. Nach Restaurierung der Bad Schandauer Kirche um 1980 blieb dieser Brutplatz verlassen, und Brutversuche wie 1979 in Lichtenhain fanden keine Wiederholung. E. STANGE fand im Jahr 1997 in einer Scheune in Goßdorf eine tote Schleiereule. In den Beutelisten der heimischen Uhus taucht die Art in den vergangenen knapp 70 Jahren siebenmal an sechs verschiedenen Plätzen auf.

Schleiereule

Aushorstung junger Uhus im Hohnsteiner Revier im Jahre 1895

Der **Uhu** (*Bubo bubo*), größte Eule Europas, horstete einst in der Sächsischen Schweiz zum letzten Mal 1892 auf Rosenthaler, 1904 auf Mittelndorfer und 1906 auf Hohnsteiner Revier. 1910 wurde ein Uhu auf Postelwitzer Revier abgeschossen. Danach galt die Eule in ganz Sachsen als ausgestorben. Einen Anteil an dieser traurigen Geschichte hatten sicher auch die zur damaligen Zeit wohl zu unterschiedlichen Zwecken getätigten Aushorstungen der Jungvögel. Dieses wurde vor allem aus dem Hohnsteiner Revier bekannt, was auch die historische Aufnahme auf dieser Seite zeigt. Von 1894 bis 1904 wurden allein dort fünfmal zwei oder drei Junguhus ausgenommen. In den Kriegswirren des Jahres 1943 wurde ein Junguhu aus einem der beiden in diesem Jahr bekannten Horste ebenfalls ausgehorstet und kam in den Dresdner Zoo.

Die Aussetzungen je eines Uhupaares in den Jahren 1927 und 1928 brachten nicht den erhofften Erfolg einer erneuten Ansiedlung der Art. Drei dieser Tiere wurden schon kurze Zeit nach ihrer Freilassung tot aufgefunden oder getötet.

Aus dem angrenzenden böhmischen Teil des Elbsandsteingebietes war man durch die Veröffentlichungen von Forstmeister LOHWASSER (1929, 1936) über Vorkommen und Bruten des Uhus gut unterrichtet und hoffte natürlich, daß sich die „Adlereule“, wie der Uhu auf Grund seiner stattlichen Erscheinung im Englischen genannt wird, eines Tages auf sächsischer Seite wieder ansiedeln möge.

Obwohl der Uhu im sächsischen Gebietsteil wohl nie völlig gefehlt hat, verschiedene Felsgründe sind seit eh und je in der einheimischen Bevölkerung als Uhuschlucht oder -schlüchte bekannt, gelang erst im Jahre 1932 der Fund eines ersten und 1933 bereits des zweites Uhupaares. Im Jahre 1934 berichtete R. MÄRZ von der ersten erfolgreichen Brut mit drei flüggen Jungvögeln. Es ist übrigens bisher der einzige Fall in der Sächsischen Schweiz, daß drei Junguhus aus einem Horst ausflogen. Zunächst wurden vom Uhu weitere Horstplätze gefunden. Später, als Ergebnis der Bestandskontrollen durch J. EBERT und K. AUGST in den fünfziger und sechziger Jahren des zwanzigsten Jahrhunderts, mußte über den Niedergang der Uhupopulation im Jahre 1970 berichtet werden, nachdem von 1962 bis 1967 mit vier Paaren und weiteren standorttreuen Einzelvögeln der damals wohl höchste Stand erreicht gewesen war. Möglicherweise minderte DDT, wie bei verschiedenen Greifvogelarten nachgewiesen, die Fortpflanzung der heimischen Paare, denn nur 0,17 Jungvögel pro Brutpaar wurden in diesem Zeitraum flügge.

Brütendes Uhuweibchen

Der Uhu galt wiederum als ausgestorben, wenngleich im böhmischen Gebietsteil mehrere Horstplätze besetzt waren. Im Jahre 1972 konnte ein erneuter Brutversuch auf sächsischer Seite bestätigt werden, aber erst ab 1978 flogen wieder Junguhus aus sächsischen Horsten aus. Anfangs langsam, entwickelte sich die Population dann ab 1979 sprunghaft auf jährlich etwa zehn Paare, dabei wurden erste Ansiedlungen im Anschluß an die Sandsteinfelsen, im Osterzgebirge und Lausitzer Bergland, bestätigt. Danach war im Elbsandsteingebirge wieder ein leichter Rückgang zu verzeichnen. Heute hat sich der Bestand auf einen Wert um die acht Paare eingepegelt und das scheint wohl auch das „tragbare Maß“ für unsere Landschaft zu sein. Die Uhus brüten fast ausschließlich im Gebiet des heutigen rechtselbischen Nationalparks, zumindest ist derzeit nur ein linkselbisches Brutpaar bekannt.

Sorgen macht nur der oft ausbleibende Nachwuchs an den Horsten. Der wohl hauptsächliche Grund für die geringe Vermehrung unserer Uhus ist im schlechten Nahrungsangebot der Landschaft zu suchen. Es gibt zu wenig Niederwild; keine Hasen, Kaninchen, Rebhühner und auch die Zahl der an den Uhuplätzen gefundenen Igel ist stark rückläufig. Viele der Jungvögel verhungern deshalb noch vor dem Ausfliegen. Deutlich zeigt die Graphik auf Seite 84 das Auf und Ab des heimischen Brutbestandes sowie die sehr unterschiedliche Zahl der jährlich ausgeflogenen Jungvögel.

Der Hauptfeind des Uhus ist die Verdrahtung der Landschaft. Mindestens 18 Tiere endeten seit 1927 an Mittelspannungstrassen mit Stützisolatoren und an der Oberleitung der Eisenbahnstrecke durch das Elbtal.

Zwei am Horstplatz beringte Junguhus der heimischen Population wurden nach zwei Jahren in Böhmen 70 km östlicher bzw. nach 20 Jahren 40 km südlicher gefunden.

Der Uhu ist nicht der Kulturflüchter wie früher geschrieben wurde. Er konnte sich anpassen, soweit es ihm möglich ist. Zwei wichtige Kriterien muß ein gutes Uhurevier aufweisen. Zum ersten eine ruhige, versteckreiche Felswand mit sicheren Brutmöglichkeiten, in deren Nähe sich große, alte Bäume als Ruheplätze für die Altvögel und die flüggen Junguhus befinden.

Zum zweiten bedarf es einer nahrungsreichen, gut strukturierten Wald-, Feld- und Wiesenlandschaft in nicht all zu weiter Umgebung des Horstplatzes. Die Uhus des Elbsandsteingebirges horsten in Tälern und Schluchten im Randbereich der geschlossenen Wälder. Horstplätze weit im Inneren dieser sind schon lange verwaist.

Junger etwa fünf Wochen alter Uhu

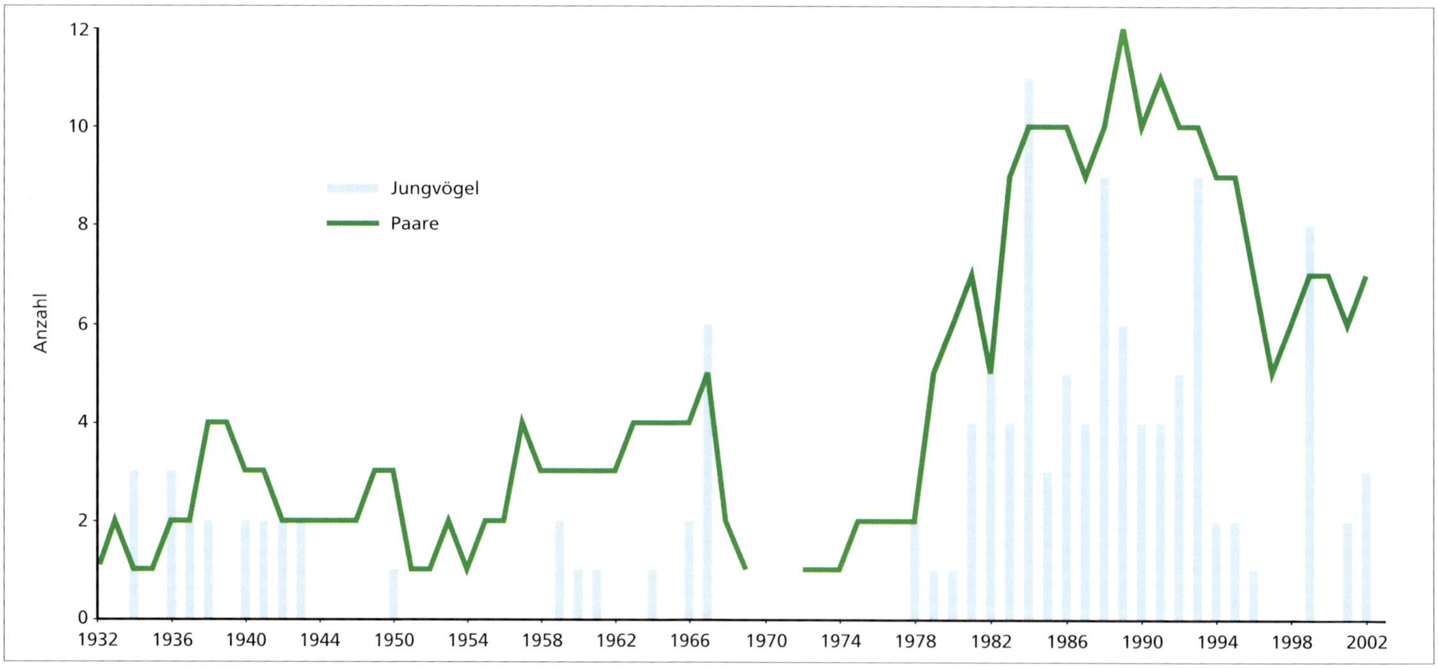

Bestandsentwicklung des Uhus in der Sächsischen Schweiz

Als ornithologische Rarität ist nach Heyder (1952) im Herbst 1902 eine **Schneeule** (*Nyctea scandiaca*) auf einer Gemeindejagd bei Hohnstein geschossen und eine weitere im Dezember 1930 am Birkwitzer Graben beobachtet worden.

Eines der ersten Fotos vom Sperlingskauz in der Sächsischen Schweiz aus dem Jahr 1963

Vom **Sperlingskauz** (*Glaucidium passerinum*) bringen Zimmermann (1930), Förster (1938) und März (1957) oft viele Jahrzehnte zurückliegende Nachweise unter der Rubrik *„Es war einmal"*, und bei weitem nicht alle können als gesichert gelten (August 1990).

Die ersten zweifelsfreien Beobachtungen der starengroßen und damit kleinsten europäischen Eule im 20. Jahrhundert in der Sächsischen Schweiz gelangen 1961 im Großen Zschand. Drei Jahre später wurde im selben Gebiet der erste Brutnachweis erbracht. In den folgenden Jahren gelangen anfangs nur wenige Beobachtungen und noch weniger bestätigte Bruten, ausschließlich beschränkt auf die Hintere Sächsische Schweiz. Erst ab Mitte der siebziger Jahre mehrten sich regelmäßige Feststellungen und Brutnachweise der Art, nun auch im linkselbischen Waldrevier, wo eine erste Brut im Jahre 1979 bestätigt werden konnte. Ab etwa 1980 entwickelte sich die Population sprungartig positiv, so daß es jährlich fast immer zum Nachweis von 15 bis 20 besetzten Revieren und etwa zehn Bruten kam. Diese Bestandsentwicklung führte zur Ausbreitung des Sperlingskauzes im Elbsandsteingebirge. Der erste Brutnachweis im Basteigebiet wurde 1982 erbracht und die Art besiedelte in Folge auch andere, benachbarte Landschaften.

Junger Sperlingskauz schaut aus der Bruthöhle

Der Sperlingskauz brütet ausschließlich in Buntspechthöhlen, im linkselbischen Waldrevier vor allem in Fichten, im rechtselbischen Nationalpark überwiegend in Dürrkiefern. Eine besetzte Bruthöhle kann der Kenner der Art noch im Folgejahr feststellen, da das Weibchen während der gesamten Brutzeit die Höhle reinigt und Beutereste, Federn, Gewölle, Kotballen der Jungvögel und Eischalen am Fuße des Brutbaumes zu finden sind.

Derzeit ist wieder ein leichter Rückgang der Art zu beobachten, was vielleicht durch das Ende der Kahlschlagwirtschaft und dem damit verbundenen Rückgang der Wühlmauspopulationen als Nahrungsquelle für die Käuze interpretiert werden kann. Es leben aber wohl immer noch mindestens 20 bis 30 Brutpaare in der Sächsischen Schweiz.

Der **Steinkauz** (*Athene noctua*) war früher ein relativ häufiger Brutvogel in den Steinbrüchen um Wehlen und im Elbtal, vereinzelt auch an geeigneten anderen Orten.

Der lange Jahre auf Postelwitzer Revier tätige Waldwärter E. A. Wünsche nennt in seinem Gebiet zum Ende des 19. Jahrhunderts Vorkommen des Steinkauzes. März (1957) kartierte in den 1930er Jahren in den Steinbrüchen zwischen Pirna, Lohmen und Wehlen, also im klimatisch wärmsten Gebiet der Region, zwölf Paare auf 20 km^2. Hier waren wohl einst durch das Wirken des Menschen günstige Habitate entstanden, welche aber nach Einstellung der Steinbrechertätigkeiten durch zunehmende Bewaldung für den Kauz wieder unnutzbar wurden. März (1957) betont schon damals ein Fehlen des Steinkauzes in den höheren Lagen des Elbsandsteingebirges.

Die ehemals letzten Beobachtungen und Brutnachweise in der Sächsischen Schweiz gelangen um 1955 bei Lohmen und im Elbtal bei Strand. Zum selben Zeitpunkt gab es noch einen Brutplatz in Goes, südlich von Pirna, der bis Mitte der sechziger Jahre bestand. Auch im unmittelbar nördlich angrenzenden Lausitzer Land erloschen die Steinkauzvorkommen nach 1960.

Im Jahr 1975 gelangen Steinkauzbeobachtungen bei Cotta, ohne daß ein Brutnachweis erbracht werden konnte. Auch fanden sich Reste je eines Vertreters dieser Art 1981 und 1982 in den Nahrungsresten der heimischen Uhus.

G. Gründel befreite im Mai 1990 einen Steinkauz aus einem Schornstein in Bad Schandau. Seitdem gab es keine Beobachtungen.

Steinkauz

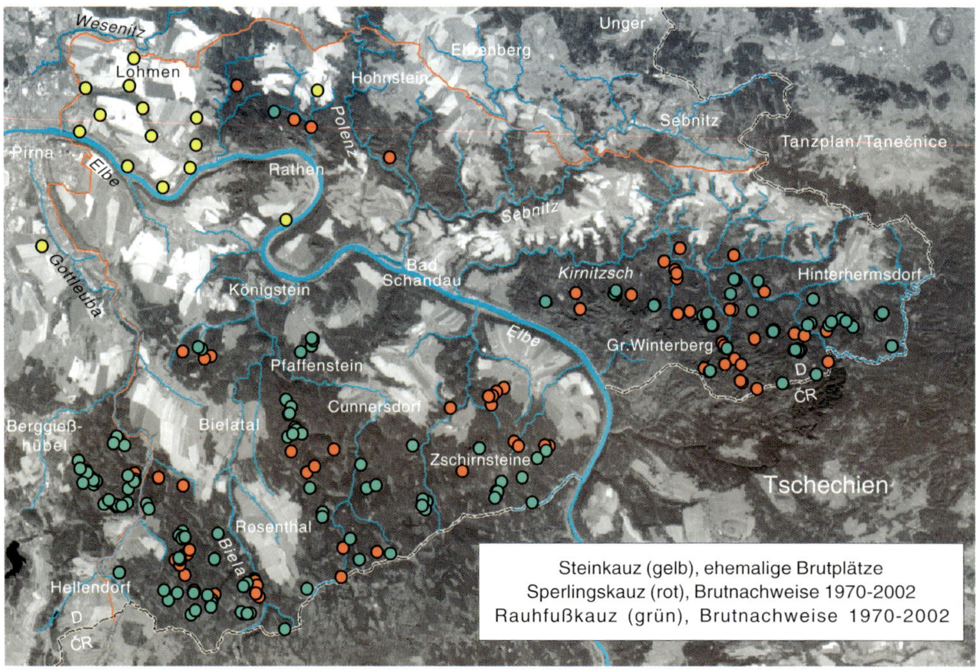

Der einst recht häufige **Waldkauz** (*Strix aluco*) kommt im Gebiet in den unterschiedlichsten Lebensräumen vor, aber in recht unterschiedlicher Siedlungsdichte. So brütet die Art an Felswänden wie am Pfaffenstein und Papststein, in den Steinbrüchen im Elbtal, aber auch in hohlen Bäumen, auf oder in Baumstümpfen und in den Ortschaften in verschiedenartigen Gebäuden. So brütete ein Paar im Jahre 1979 auf dem Dachboden des Forsthauses am Zeughaus erfolgreich.

Es fehlen bisher exakte Beobachtungsdaten zum Bestand des Waldkauzes in der Region, doch hat dieser im Vergleich mit den Angaben der Untersuchungen von R. März in den Jahren um 1935 doch spürbar abgenommen. Nicht jede Ortschaft hat heute noch ihr Kauzpaar. Der Grund für den Bestandsrückgang ist nicht bekannt, aber immerhin kann vielleicht auch der relativ gute Uhubestand des Gebietes mit verantwortlich dafür sein. Immerhin endeten bis heute mindestens 75 Waldkäuze in den Fängen der „Eagle owl".

Grob geschätzt dürfte der Bestand des Waldkauzes in der Sächsischen Schweiz um die 50 Paare betragen.

Als wohl seltener Durchzügler und Wintergast tangiert die **Sumpfohreule** (*Asio flammeus*) das Elbsandsteingebirge, aber nicht alljährlich gelingen Nachweise dieser Art. Von 1933 bis 2002 wurden in sechs verschiedenen Jahren sechs Sumpfohreulen als Beute an vier Uhuplätzen registriert.

Waldkauz im Baumhöhlenruheplatz

Waldkauzpaar am Fels

Einzelbeobachtungen gelangen vor allem im westlichen Gebietsteil und im angrenzenden Osterzgebirge. So wurde die Art im November 1974 in der Feldflur am Heidenholz, im November 1978 bei Nentmannsdorf, Anfang April 1983 am Brüchgraben, Mitte April 1984 eine balzende Eule bei Buchenhain, im Oktober 1987 eine verletzte Eule bei Krippen, im April 1989 eine rufende Eule am Moorteich bei Markersbach, Anfang März 1993 eine südlich von Rosenthal und im Frühjahr 1994 wurden längere Zeit zwei Sumpfohreulen südlich Rosenthal festgestellt.

Deuten letztere Beobachtungen vielleicht auf mögliche Einzelbruten in geeigneten Habitaten hin?

Die **Waldohreule** (*Asio otus*), kenntlich an ihren Federohren und den feuriggelben Augen, brütet in Feldgehölzen und an den Feldkanten der geschlossenen Wälder, selten aber auch, wie im Jahr 2002, mitten im Wald am Fuße der Affensteine. Sie ist Symbol des ostdeutschen Naturschutzes.

Leider liegen auch für diese Art keine genauen Daten zur Verbreitung und Bestandsentwicklung vor. März (1957) fand auf seiner 6 km^2 großen Kontrollfläche im Rathener Gebiet drei Paare und nennt vier weitere Brutpaare auf angrenzenden 20 km^2. 1971 wurden drei Brutnachweise auf 1,5 km^2 bei Herbergen im Osterzgebirge erbracht. Erfolgreiche Bruten in den letzten zwanzig Jahren konnten weiterhin 1983 bei Goßdorf, 1993 bei Cunnersdorf und 1995 bei Ostrau, 1999 bei Kleingießhübel und 2001 und 2002 bei Struppen beobachtet werden. Möglicherweise ist auch der gute Uhubestand ein bedeutender „Regulator" für die Waldohreule. Von 1934 bis 2002 wurden von ihm mindestens 80 Waldohreulen erbeutet. Vorsichtig geschätzt leben derzeit wohl kaum mehr als etwa 30 Paare in der Sächsischen Schweiz.

Junge Waldohreule

Der **Rauhfußkauz** (*Aegolius funereus*), wegen seiner dicht befiederten Füße so genannt, bewohnt die geschlossenen Wälder der Hinteren und der linkselbischen Sächsischen Schweiz, des angrenzenden Osterzgebirges und des Hohwaldes. Nur einmal, im Jahr 1999, wurde eine besetzte Bruthöhle im Basteigebiet gefunden, doch fiel dieser Brutbaum einer wohl übertriebenen „Wegesicherungspflicht" zum Opfer.

Junge Rauhfußkäuze

Wenige Belegstücke aus dem vergangenen Jahrhundert und ein Gelegefund aus dem Jahre 1894 waren alles, was man lange Zeit vom Rauhfußkauz aus hiesiger Gegend wußte (Heyder 1952). R. März erbrachte 1941 den ersten neuerlichen Brutnachweis auf sächsischer Seite. Einige Zeit später berichtete er schon von sieben Paaren in der Hinteren Sächsischen Schweiz, doch gelangen wohl diese Brutnachweise sicher nicht in einem einzigen Jahr.

Nach sporadischen Brutnachweisen, welche meist zufällig gelangen, begannen erste genauere Bestandsaufnahmen zum Vorkommen des Rauhfußkauzes im Elbsandsteingebirge rechtselbisch ab 1976 und linkselbisch schon ein Jahr zuvor, hier auch mit der Beringung von 62 Jungvögeln bei 19 Bruten, wobei bis heute noch keine Wiederfundmeldungen vorliegen. Die Populationen des Rauhfußkauzes unterliegen starken Schwankungen in Abhängigkeit von denen ihrer Hauptbeutetiere, den Mäusen und Wühlmäusen des Waldes. So fand man im rechtselbischen Nationalpark in manchen Jahren überhaupt keine besetzte Bruthöhle, in den meisten Jahren waren es aber deren drei bis fünf, 1991 sogar acht.

Als vorläufiger Höhepunkt in der Bestandsentwicklung der Art im Nationalpark wurden 1999 siebzehn besetzte Höhlen gefunden, und zum ersten Mal gelang auch ein Brutnachweis im Basteigebiet. Dort war der Kauz zwar in manchen Jahren schon gehört, eine Bruthöhle aber nie gefunden worden. Mit den im linkselbischen Gebiet gefundenen Brutplätzen zusammen ergibt das einen Bestand im Jahre 1999 von 34 gefundenen Bruten. Auch am Pfaffenstein wurden zwei Brutplätze entdeckt.

Der Rauhfußkauz nistet im Elbsandsteingebirge fast ausschließlich in den Schwarzspechthöhlen der Rotbuchen. Im Gegensatz zum Sperlingskauz reinigen Rauhfußkauzweibchen die Höhle nicht und die Jungvögel wachsen im stinkenden, fauligen „Kloakenmilieu“ auf.

Diese nächtliche Eule wurde bisher nur viermal als Beute der heimischen Uhus bestätigt, aber auch einmal beim Waldkauz im Großen Zschand.

Der Bestand des Rauhfußkauzes in der Sächsischen Schweiz kann nach neuesten Untersuchungen und unter Berücksichtigung jährlicher Schwankungen in Abhängigkeit des Nahrungsangebotes, mit 10 bis 20, in Spitzenjahren mit über 30 Brutpaaren veranschlagt werden.

Rauhfußkauz

Da das Beobachten von Eulen für den Laien recht schwierig sein dürfte, der aufmerksame Wanderer aber in der Abend- oder Morgendämmerung wohl schon oft Eulenrufe vernommen hat, ohne zu wissen von welcher Art sie stammen, sind hier als Hilfe, in Form einer Tabelle, die hauptsächlichen Rufe der heimischen Eulen zusammengestellt.

	Männchen	**Weibchen**	**Jungvögel**
Schleiereule	kreischend *chrüüh*	wie menschliches Schnarchen	
Uhu	laut *buho*, leiser *buh*	höher *uhu, gwäng*	zischend *chzscht*
Sperlingskauz	pfeifend *djü, djü-üüü*	hoch *siiht, gio...*	dünn *siij, sie-sip*
Steinkauz	langgezogen *guhk*	leise *schrie*	ähnlich Weibchen
Waldkauz	laut *huuh-huch-uuuu*	schrill *kuwitt*	*chidsch*
Waldohreule	nicht laut *huh, huh, huh...*	leise summender Laut	klagend *pi-e, psi-e*
Rauhfußkauz	*pu, pu, pu, pu, pu, pu...*	leise *sie, uud, muid*	hoch *chiik, psii*

Ziegenmelker, Mauersegler, Eisvogel

Die Nachtschwalben bilden in der Vogelwelt eine eigene Ordnung, die in Mitteleuropa nur mit einem Vertreter, dem etwa taubengroßen, eigentümlichen **Ziegenmelker** (*Caprimulgus europaeus*) vertreten ist.

Der nachtaktive Ziegenmelker versteht es vortrefflich, sich am Tage unsichtbar zu machen. Sein rindenartiges Gefieder tarnt ihn hervorragend, wenn er sich an einen Ast oder an den Waldboden schmiegt. Nachts hingegen macht er sich vor allem durch seine Stimme bemerkbar. Sowohl beim Ein- als auch beim Ausatmen tönt ohne Pause sein schnurrendes Lied durch die Heide – *„errrrrrrrrrr örr errrrrrrrr örr errrrrrr...“*. Im Fluge ruft er schrill „gruid“, mitunter ist auch ein Flügelklatschen zu vernehmen.

Der Ziegenmelker ist ein Zugvogel, sein Überwinterungsgebiet liegt in Ost- und Südafrika.

Im Elbsandsteingebirge ist er heute ein sehr seltener Brutvogel, wobei nicht bekannt ist, ob er auf sächsischer Seite überhaupt noch nistet. MÄRZ kannte ihn vor etwa sechzig Jahren noch aus dem Basteigebiet, wo er schon um 1950 nicht mehr beobachtet wurde.

Häufig war er nie, aber an manchen Orten, wie auf den Partschenhörnern und bei den Zschirnsteinen, mit gewisser Regelmäßigkeit zu beobachten. Letzte Beobachtungen eines Paares gelangen 1980 und 1981 in den Thorwalder Wänden sowie Anfang Juni 1982 in der Breiten Heide bei Leupoldishain. Im Mai 1996 wurde ein Ziegenmelker am Pirnaer Kohlberg bemerkt und im Mai 2000 flog ein Vertreter der Art südlich von Cunnersdorf vor dem Beobachter auf.

Der Rückgang des Ziegenmelkers ist nicht nur auf unser Gebiet beschränkt und sicher auf den Entzug der Nahrungsgrundlage durch den Einsatz verschiedenster Insektengifte direkt und indirekt zurückzuführen.

In letzter Zeit erst gelangen im böhmischen Gebietsteil nahe Na Tokáni / Balzhütte, bei Dolní Žleb / Niedergrund, Ostrov / Eiland, Tisá / Tyssa und Rajec / Raiza Beobachtungen territorialer Vögel, so daß man zumindest in diesem Gebiet mit vereinzelten Bruten rechnen kann. Bereits im Juli 1993 ließ ein verleitender Ziegenmelker nördlich vom Hohen Schneeberg Brutverdacht aufkommen. Als „verleitend“ bezeichnet man in der Ornithologensprache einen Vogel, der einen Angreifer irreführen bzw. „verleiten“ will, indem er sich z.B. tot oder krank stellt, leichte Beute vortäuscht und damit von der eigenen Brut fortlockt. Im letzten Moment rettet sich der totgeglaubte Vogel dann durch schnelle Flucht.

Als einzige Art der Ordnung der Segler lebt im Elbsandsteingebirge der **Mauersegler** (*Apus apus*), fälschlich auch als Turmschwalbe bezeichnet; er ist aber kein Singvogel. Er ist mit seinen langen, schmalen Flügeln und sehr kleinen Füßen dem Leben in der Luft ausgezeichnet angepaßt. Mit schrillen *„srieh“*-Rufen fliegen Schwärme über den Städten und Dörfern.

Mauersegler erscheinen bei uns in der Regel am 1. Mai und sie verlassen die Brutgebiete am 1. August wieder, um in Afrika südlich der Sahara zu überwintern. Als Ausnahme gilt eine Brut in einer Dürrkiefer im Großen Zschand, wo am 20.8.1991 noch ein Jungvogel in der Höhle gefüttert wurde.

Wir unterscheiden neben den Stadtbrütern, die durch die Sanierung und Modernisierung unserer Bauwerke stark unter Brutplatzmangel leiden, draußen in den Felsen Brutvorkommen an Steinbrüchen, an Naturfelsen und in Baumhöhlen. Die größte Anzahl der Mauersegler brütet an den Steinbruchwänden im Elbtal. Deutlich seltener werden Brutpaare an natürlichen Felsen gefunden und dann sind es oft nur Einzelpaare. Solche Brutplätze sind bekannt vom Rauenstein, Papststein, Pfaffenstein, am Großen Prebischkegel in Böhmen, im Falkoniergrund und im Polenztal. Letzteren Platz kannte schon MÄRZ (1957) als zur damaligen Zeit einzigen im Gebiet. Baumbrüter, oft nur ein oder zwei Paare in einem Baum und ausschließlich in Dürrkiefern, kennen wir nur rechtselbisch, so auf den Thorwalder Wänden, auf den Partschenhörnern, an den Schrammsteinen, auf den Schaarwänden, im Nassen Grund, im Polenztal und auf der Großen Gans. In einem Brutbaum auf den hinteren Partschenhörnern brüteten Mauersegler und Sperlingskauz gemeinsam. Der Kauz erbeutete, wohl beim Inspizieren der Höhlen, die er oft als Beutedepot nutzt, einige Segler.

Der farbenprächtige **Eisvogel** (*Alcedo atthis*), zur Ordnung der Rackenvögel gehörend, ist ein seltener Brutvogel im Gebiet und sein regelmäßiges Brutvorkommen beschränkt sich auf die rechtselbischen Bäche.

März (1957) erwähnt aus dem Jahr 1949 drei Plätze an der Kirnitzsch, an denen der Eisvogel oft festgestellt wurde. Etwa von 1970 bis 1980 wurde die Art recht selten festgestellt, dann erfolgten zunehmende Beobachtungen und Brutnachweise.

Einen Eisvogel zu beobachten ist nicht leicht, auch wenn er recht bunt ist. Oft bemerkt man ihn erst, wenn er mit durchdringenden „*tiht*“-, oder mehreren kurzen „*tit*“-Rufen am Beobachter vorbeifliegt.

Sein bedeutendstes Brutrevier ist die Wesenitz im nordwestlichsten Teil der Sächsischen Schweiz. Ständige Vorkommen und Brutplätze sind weiterhin bekannt von der Kirnitzsch, der Sebnitz, der Polenz und dem Lachsbach. Auch an den Bächen des Osterzgebirges brütet der Eisvogel. Mitunter erscheint die Art auch an kleinen Teichen und Tümpeln. Im Winter, wenn die Bergbäche zugefroren sind, kann man Eisvögel nicht selten an den Ufern der Elbe beobachten.

Verluste durch strenge Winter gleichen die Vögel durch hohe Reproduktionsraten, mit bis zu drei Bruten im Jahr, relativ schnell wieder aus.

Eisvögel brauchen unverbaute, ursprüngliche und mäandrierende Bäche, in deren immer wieder neu entstehenden Steilufern sie ihre bis zu einem Meter langen Brutröhren graben, an deren Ende sich eine Brutkammer befindet. Siedeln Eisvögel an Teichen oder Seen, liegt eine solche Abbruchkante aber auch abseits der Nahrungsgewässer und die Vögel müssen das Futter für ihre Brut bis zu einem Kilometer über Land transportieren. Es wurden auch schon Bruthöhlen in großen Wurzeltellern umgestürzter Bäume gefunden.

Eisvogel

Spechte

Spechte sind Vögel mit kräftigem Schnabel, welcher zum Aufspalten von Borke und morschem Holz bei der Nahrungssuche sowie zum Zimmern der Bruthöhle dient.

Ein steifer Stützschwanz und starke Füße sind für die Fortbewegung an Baumstämmen perfekt geeignet. Die auffallend lange Zunge befördert die Insekten und deren Larven tief aus dem Holz in den Schnabel der Vögel. Die Spechte hämmern, vor allem in der Balzzeit, in sehr schneller Folge auf einen schwingenden Gegenstand – sie *„trommeln"*.

Der durch sein rindenartig gemustertes Federkleid gut getarnte **Wendehals** (*Jynx torquilla*), er ist kein eigentlicher Specht, war in der Sächsischen Schweiz noch nie ein häufiger Brutvogel, der die geschlossenen Waldgebiete weitgehend mied. Er bevorzugt lichte, gut strukturierte Laubwälder, Parks, große Gärten, ist also im dörflichen Bereich zu finden.

Ehemals war er vor allem im Elbtal, im angrenzenden Osterzgebirge und dem nördlichen Granitbereich zu finden. Im Jahr 1969 wurden im Sebnitzer Wald noch drei Bruten bestätigt. Danach mußte man eine starke Bestandsabnahme verzeichnen.

In den letzten zehn Jahren wird die Art, die nur wenig größer ist als ein Sperling, wieder häufiger beobachtet, vor allem in den rauchgeschädigten Waldgebieten südlich von Rosenthal. Ein neuerlicher Brutnachweis in einem Nistkasten bei Goßdorf gelang im Jahre 1995.

Hackspuren von Spechten sind oft recht auffällig

Die beiden sogenannten „Erdspechte", der **Grauspecht** (*Picus canus*) und der etwas größere **Grünspecht** (*Picus viridis*), sind verbreitete Brutvögel, aber durchaus als selten zu bezeichnen. Beim Grünspecht haben beide Geschlechter eine rote Kappe, beim Grauspecht hat nur das Männchen eine rote Stirn.

Der Grauspecht ist ein echter Urwaldvogel und lebt in totholzreichen Waldgesellschaften, so an den Basaltbergen, an den laubholzreichen Hängen der Bachtäler sowie im Heidekiefernwald der Felsreviere. Brutnachweise gibt es vom Kleinen Winterberg, aus dem hinteren Kirnitzschtal, dem Schooßgrund bei Ottendorf, der Weberschlüchte, den Weißen Brüchen und dem Wesenitztal. Ständige Beobachtungen, auch von Paaren, sind vom Raumberg, vom Großen Winterberg, vom Hausberg, von den Thorwalder Wänden, aus dem Sebnitztal und dem unteren Kirnitzschtal bekannt. Mit etwas Glück kann man dem Grauspecht aber überall begegnen, man achte vor allem auf seine Stimme, eine abfallende Reihe mehrerer Pfeiftöne. In der gesamten Sächsischen Schweiz dürften wohl sicher 15 Paare ein Zuhause haben.

Vom Grauspecht gut zu unterscheiden an der großen roten Kopfplatte, aber auch an der „lachenden" Stimme ist der Grünspecht. Er ist öfter im dörflichen Bereich zu finden, im Elbsandsteingebirge vor allem im Elbtal und in den untersten Bereichen der einmündenden Bachtäler sowie um

Sebnitz. Hin und wieder wird er aber auch in den geschlossenen Wäldern gefunden. Brutnachweise existieren aus dem hinteren Großen Zschand und vom Hausberg, aber auch aus Königstein, dem Wesenitztal, dem Park Sonnenstein und von Pirna und Sebnitz.

Grauspechte und Grünspechte werden öfter an Felswänden bei der Nahrungssuche, vielleicht aber auch bei der Aufnahme von Mineralsalzen beobachtet.

Der **Schwarzspecht** (*Dryocopus martius*), seines schwarzen Federkleides und der Größe wegen im Volksmund Holzkrähe genannt, ist ein verbreiteter Brutvogel des Elbsandsteingebirges. Seine Höhlen zimmert er vorwiegend in Rotbuchen, seltener in Dürrkiefern oder in noch grünen Kiefern.

Schwarzspecht

Vom Schwarzspecht auf der Suche nach Ameisen geöffnete kernfaule Fichte

Jeder Basaltberg im Gebiet hat sein Schwarzspechtpaar, aber auch in kleineren Altbuchengruppen und Einzelbäumen findet man seine Höhlen, die von einer Anzahl von Nachmietern, u.a. der Hohltaube, dem Rauhfußkauz oder auch dem Baummarder bezogen werden. Im gesamten sächsischen Elbsandsteingebirge sind über 500 Höhlenbäume bekannt.

Während der Laie die Arbeit der Spechte oft übersieht, fallen doch wohl jedem aufmerksamen Wanderer die Spuren auf, welche ein Schwarzspecht bei seiner Suche nach Roßameisen in kernfaulen Fichtenstämmen hinterließ. Bis einen Meter lang kann der Stamm im untersten Teil des Baumes geöffnet worden sein, um an die begehrte Nahrung zu gelangen.

Schwarzspechte haben verschiedene Rufe, aus denen man auf die Bewegung des Vogels schließen kann. *„kliää“* ruft der Schwarzspecht sitzend am Stamm, *„trü, trü, trü...“* beim Fliegen und in der Paarungszeit im März und April hört man oft ein *„quickwickwick...“* und ein dohlenähnliches *„kjak“*.

Eine vorsichtige Schätzung läßt einen Bestand von reichlich 25 Schwarzspechtpaaren im sächsischen Teil des Elbsandsteingebirges durchaus als real erscheinen, wobei die größere Bestandsdichte im Nationalpark zu finden ist.

Mitunter stößt man im Wald auf Stellen, wo viele ausgefressene Fichten- oder Kiefernzapfen auf dem Boden liegen. In einer Spalte am Baumstamm, einer kleinen Höhlung oder an einem aufgesplitterten Ast klemmt noch ein Zapfen. Es ist die „Werkstatt" vom **Buntspecht** (*Dendrocopos major*). Er ist nur etwa halb so groß wie der Schwarzspecht und die mit Abstand häufigste Spechtart des Gebietes.

In allen Waldgesellschaften des Elbsandsteingebirges, aber auch in größeren Gärten und Parks, ist er Brutvogel und im Winter hin und wieder am Futterhaus zu beobachten. Am Großen Winterberg leben sicher über zehn Paare, und am Lilienstein wurden während der Zeit der Wanderfalkenauswilderung zwischen 1989 und 1996 jährlich mindestens fünf Bruthöhlen bestätigt.

Wenig kleiner ist der **Mittelspecht** (*Dendrocopos medius*), ein Bewohner von Au- und Bruchwäldern, den weder FÖRSTER (1938) noch MÄRZ (1957) aus dem Gebiet kannten. Die wenigen Nachweise, so im Juli 1971 im Großen Zschand, im September 1975 bei Zwiesel, im Oktober 1977 im Auwald bei Zatzschke und im Januar 1987 im Lohmener Wald, bestätigen der Art, eine große Ausnahmeerscheinung im Elbsandsteingebirge zu sein.

Der nur etwa sperlingsgroße **Kleinspecht** (*Dendrocopos minor*), auch Zwergspecht genannt, ist in den Felsregionen etwa so selten wie der Grauspecht und bewohnt laubholzreiche, ursprüngliche Wälder, kommt aber auch in Städten und Dörfern vor. Oft trommeln Kleinspechte dort an Blechdächern und Antennenmasten. Im Riffkiefernwald auf den Sandsteinfelsen ist die Art ebenfalls regelmäßig zu beobachten. Der Kleinspecht zimmert seine Bruthöhlen überwiegend in Weichlaubhölzer, wie Espe und Birke, bei anderen Arten werden morsche Baumteile genutzt. Die wenigen bekannten Brutnachweise stammen aus dem Elbtal und aus der Umgebung von Sebnitz.

Im Winter schließen sich einzelne Kleinspechte oft Meisengesellschaften an und ziehen mit diesen durch die Wälder.

Buntspecht

Die drei „Buntspechte" sind an den Rufen schwer, oft nur in der Tonhöhe, zu unterscheiden. So klingen die Rufreihen vom Buntspecht hart wie *„ki, ki, ki, ki, ki..."*, beim Kleinspecht könnte man das am ehesten mit dünnem *„gi, gi, gi, gi..."* umschreiben.

Singvögel

Im Elbsandsteingebirge leben fast ebensoviele Singvogelarten wie alle bisher beschriebenen Vertreter aus 15 hier vorkommenden Ordnungen der Vögel. Es soll aber trotz dieses Umfangs auf eine weitere Unterteilung in Familien verzichtet werden.

Von den im Gefieder recht unscheinbaren, damit aber ihrem Leben am Boden gut angepaßten Lerchen brütet mit der Feldlerche nur noch eine Art regelmäßig im Gebiet.

Die **Haubenlerche** (*Galerida cristata*), gut an ihrer spitzen Federhaube zu erkennen, war noch vor rund zwanzig Jahren Brutvogel in den Neubaugebieten Pirna-Sonnenstein und Pirna-Copitz mit einem Gesamtbestand von jedoch nur zehn Paaren. Ihr Lebensraum sind kahle, weite Ödland- und Grasflächen, die sie vor allem auf Großbaustellen fand. FÖRSTER (1938) bezeichnet sie als „ein Kind der Steppe". Nach dem Zweiten Weltkrieg war die Haubenlerche ein häufiger Bewohner in Dresdens zerstörten Stadtteilen.

Mit dem Bewachsen der vorher kahlen Baustellenflächen ging der Bestand stetig zurück. Die letzte Beobachtung eines singenden Männchens in Copitz datiert von März 1996. Vielleicht brüten noch vereinzelte Paare in den neu entstandenen Gewerbegebieten und auf großen Baustellen rund um Pirna.

Heidelerche am Nest

Als zweite, in der Sächsischen Schweiz heute wohl verschwundene Art ist die **Heidelerche** (*Lullula arborea*) zu nennen. Noch FÖRSTER (1938) und MÄRZ (1957) kennen sie als einen regelmäßig vorkommenden Bewohner der trockenen Kiefernheiden im Elbsandsteingebirge.

Regelmäßige, aber in der Anzahl schwankende Beobachtungen gelangen noch um 1980 auf Kahlschlägen und Aufforstungsflächen westlich der Zschirnsteine. Rechtselbisch gab es 1963 im Bereich der alten Hohen Straße südlich von Sebnitz noch drei Reviere, wobei in einem ein Brutnachweis gelang. Im Jahre 1980 bestand Brutverdacht am Hohberg bei Hinterhermsdorf. Danach bekam man die Heidelerche nur noch auf dem Durchzug, vor allem im März, zu Gesicht. Ein erneuter Brutnachweis 1993 auf der Breiten Heide bei Leupoldishain fand ebenfalls keine Wiederholung.

Gegenwärtig finden regelmäßig Bruten der Art nur noch in Forstbaumschulen im Graupaer Wald und im böhmischen Gebietsteil westlich Bynovec/Binsdorf statt.

Heidelerchen brauchen, wie schon der Name sagt, trockene, größerflächig kahle Heidegebiete. Mit der durch Nährstoffeinträge geförderten Vergrasung der Heide- und Riffkiefernwälder, aber auch der Kahlschläge und Pflanzungen mußte die Art verschwinden. Die heutige, durchaus günstigere Entwicklung entsprechender Waldgesellschaften kommt einer Wiederansiedlung der Art positiv entgegen.

Im Frühjahr ist die Luft der Feld- und Wiesenlandschaften erfüllt vom Gesang der **Feldlerche** (*Alauda arvensis*). Doch das war nicht immer so. Etwa Mitte der achtziger Jahre des letzten Jahrhunderts wurde die Feldlerche seltener und seltener. Intensive Landwirtschaft, verbunden mit ständiger Vergrößerung der monotonen Anbauflächen und steigendem Einsatz von Herbiziden und Bioziden, ließen der Art wenig Überlebenschancen. Hinzu kamen noch die Verluste durch den Singvogelfang in Italien, dem viele Feldlerchen auf ihrem Zug in die Überwinterungsgebiete im Süden Europas zum Opfer fallen.

Heute hat sich das Bild doch schon merklich geändert, vor allem was die landwirtschaftliche Produktion betrifft, und die Art ist wieder in jedem geeigneten Lebensraum zu finden. Feldlerchen brüten aber auch auf den großflächigen Kahlschlägen der vom Waldsterben betroffenen Gebiete, etwa südlich und westlich von Rosenthal, bis diese wieder zuwachsen.

Die Feldlerche ist ein Zugvogel, der bei uns oft schon im Februar wieder eintrifft. Es werden im Elbtal um Pirna in milden Wintern aber ab und an überwinternde Vögel beobachtet.

Das frische tirilierende, bis zu drei Minuten lange Lied der Feldlerche ist wohl allgemein bekannt. Als eher melancholisch wird dagegen der lullende Gesang der Heidelerche bezeichnet. Der bekannte Vogelstimmenforscher A. VOIGT beschreibt gerade dieses Lied als *„zum Schönsten gehörend, was uns die heimische Vogelwelt an Lauten bieten kann“*. Die Lerchen tragen ihre Lieder aber nicht nur im oft recht hoch steigenden Singflug vor, auch wenn das eigentlich die Regel

Feldlerche

ist. Ebenso können sie am Boden oder auf einer erhöhten Warte, etwa einem Koppelpfahl oder Ast, singen.

Uferschwalbe am Niströhreneingang

Von der **Uferschwalbe** (*Riparia riparia*) mit ihrer erdbraunen Oberseite und dem nur ganz schwach gegabelten Schwanz berichteten FÖRSTER (1938) und MÄRZ (1957) unter der Rubrik „es war einmal“. Nach letzterem gab es einst eine Brutkolonie bei Posta. Seit 1980 bestanden einzelne Brutansiedlungen der Art, die ihre Nester in selbstgegrabenen Höhlen in steilen Abbruchkanten sandig-lehmiger Böschungen anlegt, in Sand und Kiesgruben um Pirna, bei Jessen, Pratzschwitz, Zatzschke und Mockethal. Derzeit werden Bruten nur noch in der Pratzschwitzer Grube gefunden.

Um 1995 fand man in der Sandgrube bei Kleingießhübel, also mitten im Elbsandsteingebirge, eine Uferschwalbenkolonie von etwa 20 Brutpaaren, welche bis heute Bestand hat.

Allbekannt dürfte die **Rauchschwalbe** (*Hirundo rustica*) sein. Sie besitzt von den hier beschriebenen Schwalbenarten den am tiefsten gegabelten Schwanz und baut ihre napfförmigen Nester aus Speichel, Erde und Lehm in das Innere von Gebäuden. Bevorzugt werden ländliche Gebiete mit Viehställen, weil dort sowohl bessere Ernährungsbedingungen durch reiches Insektenangebot als auch günstigere Voraussetzungen zum Bau der Nester gegeben sind. Mit der Verringerung der Tierhaltung und der Versiegelung der Landschaft wird den Schwalben mehr und mehr der Lebensraum genommen. Doch gab es vielleicht einst, gemeint ist vor vielen vielen Jahren, auch nicht so viele Schwalben in unserer Heimat.

Gleichfalls eng an die menschlichen Siedlungen gebunden ist das Vorkommen der **Mehlschwalbe** (*Delichon urbica*). Im Gegensatz zur vorher beschriebenen Art hat sie nur einen leicht gegabelten Schwanz und baut ihre Lehmnester, welche nur ein Einflugloch besitzen, außen an die Gebäude, oft geschützt durch Dachüberstände, Balkone oder andere Vorsprünge in Bauwerken. Mehlschwalben brüten oft in größeren Kolonien, die durchaus 50 Brutpaare überschreiten können. Ihre Nahrungsflüge weiten Mehlschwalben oft in die Felslandschaft aus, so kann man sie regelmäßig im Großen und Kleinen Zschand und vor den Affensteinen beobachten.

Auch bei dieser Art ist ein steter Bestandsrückgang zu bemerken, welcher sicher die gleichen Ursachen hat wie bei der Rauchschwalbe.

Einst war die Mehlschwalbe wohl auch bei uns ein Felsbrüter, wie man das aus südlicheren Ländern heute noch kennt.

Mehlschwalben am Nest

Rauchschwalben am Nest

Creutz (1935) kannte solches Brutverhalten aus einem Steinbruch bei Eschdorf und nennt Aussig als zweiten bekannten Ort in nicht allzu weiter Entfernung des Elbsandsteingebirges. Auch die Rauchschwalbe hat sich wohl vom Felsbrüter zum Vogel der menschlichen Bauwerke entwickelt.

Pieper sind zierliche, schlanke Vögel mit schlichtem Federkleid und ähneln sehr den etwas größeren Lerchen. Alle Arten brüten versteckt am Boden und führen zur Reviermarkierung auffällige Singflüge durch oder singen von erhöhter Warte aus.

Neben der Heidelerche war und ist der **Baumpieper** (*Anthus trivialis*) noch heute eine Charakterart der Riffwälder, Lichtungen und Waldränder. Zeitweilig nahm sein Bestand auf den lichter gewordenen Flächen der Rauchschadensgebiete im südwestlichen Gebietsteil zu. Heute muß man aber feststellen, daß sich der Bestand wieder spürbar verringert hat, ohne die Ursachen dafür genau benennen zu können.

Der Singflug des Baumpiepers ist markant und nicht zu verwechseln. Nachdem er ein Stück in die Luft gestiegen ist, läßt sich der Vogel mit ausgebreiteten Flügeln und hängenden Füßen herabfallen und landet nicht selten wieder am

Abflugort. Sein Lied besteht aus vier unterscheidbaren Tonreihen und beim Herabgleiten fällt vor allem ein *„zia, zia, zia...“* auf.

Feuchte Wiesen und moorige Gebiete sind der Lebensraum vom **Wiesenpieper** (*Anthus pratensis*). Seine Habitatwahl und sein gesamt dunkles und mit leicht grünlichem Ton gezeichnetes Gefieder unterscheiden ihn von der recht ähnlichen, im Gefieder aber gelblich-bräunlicher gezeichneten vorherigen Art.

FÖRSTER (1938) kannte den Wiesenpieper zur damaligen Zeit nur aus dem Raum Tisá/Tyssa - Petrovice/Peterswald - Oelsen. Er war sehr erfreut, im Jahre 1937 den ersten Brutnachweis der Art bei Reinhardtsdorf, im Elbsandsteingebirge, zu erbringen. MÄRZ (1957) fand den Wiesenpieper 1954 bei Lichtenhain. Heute finden wir den Wiesenpieper, wenn er auch nicht unbedingt häufig ist, überall im Randgebiet der geschlossenen Fels-Wald-Gebiete, so um Markersbach, Rosenthal, Cunnersdorf, Pfaffendorf, Schöna, Struppen, Weißig, Altendorf, Lichtenhain, Sebnitz, Hinterhermsdorf, Lohmen, Wehlen, Hohnstein, um nur einige Orte zu nennen. Am häufigsten scheint die Art aber noch wie zu FÖRSTER´s Zeiten im Übergangsbereich zum Osterzgebirge zu sein. Im Jahr 2001 wurde im Kachemoor nördlich des Zeisigsteins eine Brut bestätigt.

Im Gegensatz zum Baumpieper ist das Lied des Wiesenpiepers recht monoton. Die Laute, wie *„dipp, dipp, dipp...“*, können 20-, sogar bis 50mal im Singflug, aber auch von einer Warte aus, aneinander gereiht werden. Auch der Lockruf, worauf man vor allem bei durchziehenden Trupps achten sollte, ist sicher zu unterscheiden. Der des Baumpiepers klingt wie *„psie“*, beim Wiesenpieper ist es ein nicht zu lautes, hohes *„ist“*.

Gebirgsstelze an der Kirnitzsch

Stelzen sind kleine schlanke Vögel mit langen Schwänzen. Sie wippen ständig mit dem Hinterkörper.

Die **Schafstelze** (*Motacilla flava*) ist ein seltener Brutvogel in der Elbtalweitung bei Pirna und westlich von Lohmen, doch dürften es kaum mehr als fünf Paare sein, die dort leben. Brutverdacht bestand Mitte Mai 2001 bei Struppen und Anfang Juli 2002 bei Dorf Wehlen. Zur Zugzeit sind Schafstelzen allenthalben zu beobachten. Gern halten sie sich auf Äckern und Viehweiden auf. Regelmäßige Brutvorkommen der Art gibt es in den Gefilden der Oberlausitz.

Jeder saubere Bergbach beherbergt einen guten Bestand der **Gebirgsstelze** (*Motacilla cinerea*), auch Bergstelze oder Gelbe Bachstelze genannt. Das Männchen kann man am schwarzen Kehlfleck sicher vom Weibchen unterscheiden. Oft finden sich auch Paare an kleinen Seitenbächen und mitunter sogar fernab derer. An den wasserüberrieselten Grotten in der Richter- und Weberschlüchte im Großen Zschand wurden Gebirgsstelzenpaare gefunden. Am dichtesten ist derzeit der Lauf der Kirnitzsch besiedelt. Dort fanden sich in den letzten Jahren etwa drei Paare auf einem Kilometer Wasserlauf.

Gebirgsstelzen kommen schon recht früh im Jahr an ihre Brutplätze zurück. Vereinzelt überwintern einige Vögel an der Elbe und in Städten, so mitunter in Bad Schandau, Pirna und Sebnitz.

Von der ähnlichen Schafstelze unterscheiden sich Gebirgsstelzen am deutlich längeren Schwanz, der grauen, nicht olivgrünen Oberseite und vor allem am bewohnten Lebensraum.

Die dritte im Bunde und sicher die bekannteste ist die grau-schwarz-weiße **Bachstelze** (*Motacilla alba*). Sie ist nicht, wie der Name es vermuten läßt, an den Bach gebunden. An unseren Bergbächen ist sie sicher nur halb so häufig, oder noch seltener als die Gebirgsstelze.

Oft finden wir Bachstelzen an großen Tafelbergen, wie auf den Zschirnsteinen, dem Pfaffenstein, dem Papststein, den Bärensteinen und dem Lilienstein. Aber auch in den zerklüfteten Felsmassiven um den Großen Winterberg, im Großen und Kleinen Zschand, an den Affen- und Schrammsteinen und im Schmilkaer Kessel findet man Paare an exponierten großen Felsriffen. Im Rathener Gebiet nisten Bachstelzen ebenfalls an großen Felsen und in den Weißen Brüchen.

Vielfach brütet die Art in Städten und Dörfern und wird, geht sie auf den umliegenden Feldern auf Nahrungssuche, im Volksmund „Ackermännchen" genannt. Auch auf dem Durchzug sind Bachstelzen überwiegend auf Äckern zu beobachten.

Bachstelze

Der nordische **Seidenschwanz** (*Bombycilla garrulus*) ist ein starengroßer Vogel mit braunem Gefieder und einer Haube am Kopf. Seidenschwänze verraten sich durch den ständig zu hörenden Lockruf *„dsirrr"*. Bevorzugte Nahrung sind Mistel- und Vogelbeeren sowie noch auf den Bäumen hängendes Obst, vor allem Äpfel.

Seidenschwanz

Nicht in jedem Winter sind Seidenschwänze in der Sächsischen Schweiz zu sehen, wenngleich man ihnen in Dresden wohl in jedem Winter begegnen kann. Überwiegend werden sie in Ortschaften gesichtet, was wohl der leichter erreichbaren Nahrung zu verdanken ist. Doch auch auf den Riffen der Partschenhörner traf U. August schon einen Trupp, ruhend auf einer Dürrkiefer.

Seidenschwänze sind sogenannte Evasionsvögel, das heißt, daß sie in besonders strengen Wintern mit knappem Nahrungsangebot ihre Heimat in großen Flügen in südliche Richtung verlassen. Bedeutende Invasionen gab es im Elbsandsteingebirge in den Wintern 1920/21, 1931/32, 1965/66 und 2000/01. Beim letzten Einflug erschien die Art auch sofort als Beute bei den Wanderfalken. In den Jahren um 1980 wurden nur sehr wenige Seidenschwänze im Gebiet registriert und in manchen Jahren wurde die Art überhaupt nicht festgestellt.

Die **Wasseramsel** (*Cinclus cinclus*), obgleich man es ihres Namens wegen vermuten könnte, ist nicht mit der Amsel verwandt. Die Wasseramsel ist ein ständiger Bewohner der sauberen Bergbäche des Gebietes. Weiße Kotkleckse auf den Steinen im Wasser zeigen uns ihre Anwesenheit, auch wenn sie sich unseren Augen entzieht. Häufig sieht man den dunkelbraunen Vogel mit dem weißen Brustlatz auf einem Stein im Wasser, wie er aufgeregt knickst.

Schon im Januar singen die Männchen am eisigen Rand der Bäche, markieren so ihre Reviere, die rund einen Kilometer Bachlauf umfassen. Ihre Nester errichten Wasseramseln an Felsen, unter Brücken, recht selten an den Stämmen von Bäumen, immer unmittelbar über dem Wasser.

Ihre Nahrung sucht die Wasseramsel, die als einziger Singvogel schwimmen und tauchen kann, am Grunde der Bäche. Dort läuft sie mit leicht gespreizten Flügeln gegen die Strömung, um so auf den Boden gedrückt zu werden, und sucht nach Wasserinsekten, Larven, Würmern und erbeutet hin und wieder auch einen kleinen Fisch.

An der Polenz leben fünf Paare, ebensoviele sind es wohl an der Sebnitz, wo die Wasseramsel auch im Stadtgebiet brütet, und je ein Paar siedelt am Schwarzbach sowie am Lachsbach. An der sächsischen Kirnitzsch leben zehn bis zwölf und an der Wesenitz etwa sechs Paare. Linkselbisch finden sich etwa zehn Paare, so am Krippenbach drei, am Cunnersdorfer Bach zwei und an der Biela sind es deren sechs oder sieben. In manchen Jahren werden einzelne Bruten auch am Grünbach, im Tiefen Grund und an den Lichtenhainer, Ottendorfer, Saupsdorfer und Hinterhermsdorfer Dorfbächen bestätigt.

Wasseramsel an der winterlichen Polenz

Insgesamt brüten im Gebiet der Sächsischen Schweiz derzeit also etwa 40 Wasseramselpaare. Weitere Brutvorkommen finden sich in den unmittelbar angrenzenden Gebieten der Böhmischen Schweiz und des Osterzgebirges.

Förster (1938) bezifferte den Bestand der Art im sächsischen Gebietsteil zur damaligen Zeit mit 15 Paaren. März (1957) schätzte hier deren 30. Der Bestand der Art im Elbsandsteingebirge hat sich über Jahrzehnte nicht nur gehalten, sondern sogar deutlich erhöht.

Nicht zu überhören ist der laute Gesang vom **Zaunkönig** (*Troglodytes troglodytes*). Man traut diesem winzigen, bräunlichen Kobold eine solche Lautstärke kaum zu. Ihm können wir in allen Waldgesellschaften, aber auch in Dörfern und Städten begegnen. Am häufigsten ist die Art aber in den Bachtälern und Schluchten zu finden.

Zaunkönige bauen ihre kugeligen Nester wie die Wasseramseln sehr oft in kleine Felslöcher, aber auch in das Astgewirr oder in die Wurzelteller umgestürzter Bäume.

Im Gefieder recht unscheinbar, aber am hohen, spitzen Gesang gut erkennbar, ist die **Heckenbraunelle** (*Prunella modularis*), ein Zugvogel, der schon Ende März wieder bei uns eintrifft. Recht selten überwintern einzelne Vögel in Ortschaften und im klimatisch wärmeren Elbtal.

Fast regelmäßig sind einzelne **Rotkehlchen** (*Erithacus rubecula*), unverkennbar auf Grund ihrer gelbroten Brust und Kehle, auch im Winter zu beobachten, die meisten aber ziehen in südlichere Richtung weg von Frost und Schnee. Sie kommen wie die Heckenbraunelle schon recht zeitig ins Brutgebiet zurück und Mitte März können wir ihrem schönen Gesang lauschen.

Zaunkönig am Nest

Heckenbraunelle

Rotkehlchen

Von der **Nachtigall** (*Luscinia megarhynchos*) existieren einige wenige Brutnachweise vom Birkwitzer Graben Ende der siebziger Jahre des letzten Jahrhunderts. Auf dem Durchzug ist die Art vor allem im Elbtal und da im Raum Pirna, wo vielleicht ab und an auch eine Brut stattfindet, zu beobachten. Einzelne Feststellungen der Art gelangen auf dem Frühjahrszug auch bei Sebnitz, Lichtenhain und Hohnstein.

In den Tälern oder auf den Basaltbergen der Sächsisch-Böhmischen Schweiz kann der aufmerksame Wanderer einen Vogel kennenlernen, welchen FÖRSTER (1938) als „Vogelkleinod" bezeichnete. Es ist der **Zwergfliegenschnäpper** (*Ficedula parva*), der sich viel eher durch seinen, aus drei Elementen bestehenden lauten Gesang *„tvi-tvi-tvi-tvi-dlü-tvi-dlü-tvi-dlü-tvi-dlü-tvi-dlü-tvi-dlü-tvi-dlü-dlü-dlü-dlü"* verrät, als daß man ihn zu Gesicht bekommt.

In FÖRSTER (1938) lesen wir folgenden „Steckbrief": **„weiße Schwanzwurzelseiten, das Männchen meist rotkehlchenähnlich, sehr beweglich, rüttelt gern vor Zweigen"**.

Von 1885 bis 1888 beobachtete Waldwärter E. A. WÜNSCHE je ein Paar Zwergfliegenschnäpper am Großen Winterberg und fand 1887 und 1888 auch deren Nest. Im Jahr 1889 konnte er nur noch einen Vogel feststellen, bestätigte aber im Mai 1899 dort wieder ein Paar. Zur selben Zeit bestand ein Vorkommen im böhmischen Elbtal zwischen Niedergrund und Bodenbach, welches ebenfalls um die Jahrhundertwende erlosch.

Seit dieser Zeit bemühten sich viele Personen, die Art erneut festzustellen, aber nur im August 1923 gelang eine Beobachtung im Eulengrund bei Hohnstein. MÄRZ (1957) berichtet von einer flüchtigen Begegnung mit der Art bei Sebnitz.

In den Jahren 1963, 1965 und 1966 wurden einzelne singende Zwergfliegenschnäpper im Kirnitzschtal und am Großen Winterberg bestätigt. Ab 1970 häuften sich die Nachweise und bereits 1973 fand A. STURM im Sebnitztal eine erste Brut. Von nun an gelangen jährlich Nachweise der Art, wobei auch fast in jedem Jahr eine Brut bestätigt wurde, wenigstens aber Brutverdacht bestand.

Ab 1985 wurde es wieder etwas ruhiger, was die Nachweise der Art im Elbsandsteingebirge angeht, und nur in den Jahren 1993 und 1997 konnten Nester gefunden werden. Die Brutnachweise vom Zwergfliegenschnäpper im Elbsandsteingebirge gelangen am Großen Winterberg, am Hausberg, im unteren Großen Zschand, am Goßdorfer Raubschloß und im Elbtal bei Schöna.

Seit 1999 kam es wieder zu deutlich mehr Nachweisen

des Zwergfliegenschnäppers und Brutverdacht bestand eigentlich jährlich. Mitunter konnten in einem Jahr allein am Großen Winterberg fünf revierhaltende Männchen gleichzeitig bestätigt werden.

Das Elbsandsteingebirge liegt außerhalb des geschlossenen Brutgebietes des Zwergfliegenschnäppers. Somit erklärt sich das jahre- oder jahrzehntelange Fehlen der Art, dann wiederum sein mitunter sogar häufiges Auftreten in manchen Jahren.

Wohl vielen bekannt ist der **Trauerfliegenschnäpper** (*Ficedula hypoleuca*), ein Höhlenbrüter, dem man mit dem Aufhängen von Nistkästen allerorts eine Ansiedlung möglich machen kann, doch ist er heute bei weitem nicht mehr so häufig wie noch vor 15 Jahren. Sein eigentlicher Lebensraum sind Laub- und Mischwälder, doch ermöglichte ihm das erwähnte Aufhängen von Nisthilfen die Ansiedlung in monotonen Nadelwaldforsten, Städten und Dörfern. Im linkselbischen Waldrevier, wo großflächig keine Nistkästen angebracht sind, fehlt die Art fast völlig. Als recht dominante Art erobert er sich auch Kästen, welche bereits von anderen Arten, wie Meisen, bezogen sind und überbaut mit seinem Nest die Eier der vorherigen Bewohner.

Sieht man bei uns ein schwarz-weiß gezeichnetes Trauerfliegenschnäpper-Männchen, so ist das in der Regel ein nordischer Vogel. Die heimischen Männchen sind viel blasser und können eher mit einem weiblichen Vogel verwechselt werden.

Zwergfliegenschnäpper am Nest

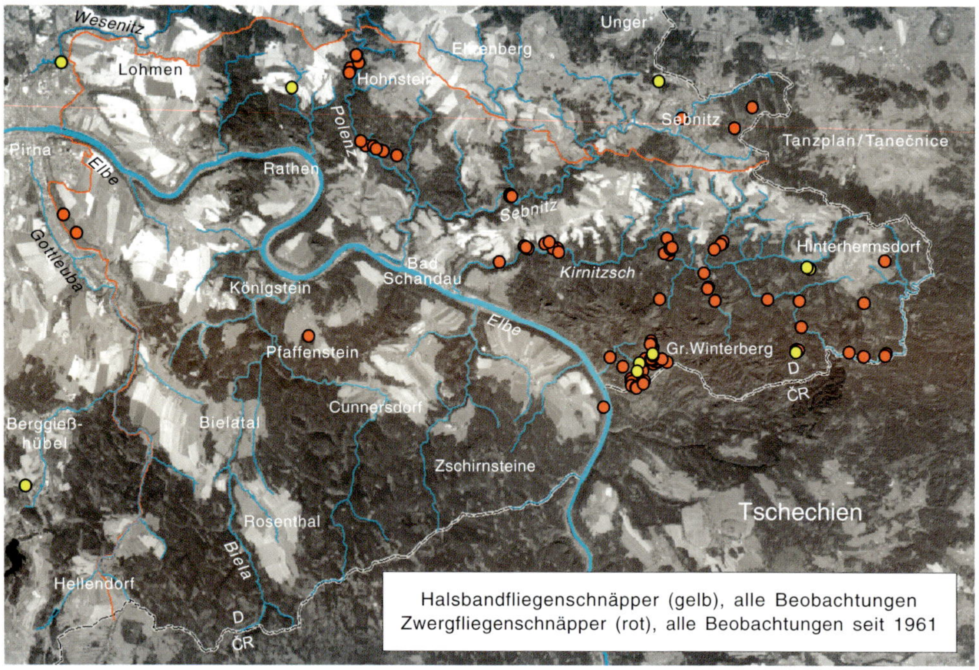

Halsbandfliegenschnäpper (gelb), alle Beobachtungen
Zwergfliegenschnäpper (rot), alle Beobachtungen seit 1961

Noch seltener als einem Zwergfliegenschnäpper begegnet man im Elbsandsteingebirge dem **Halsbandfliegenschnäpper** (*Ficedula albicollis*), der aber im Böhmischen Mittelgebirge/České středohoří schon eine regelmäßige Erscheinung ist.

Beobachtungen der Art liegen vom Großen Winterberg fast jährlich zwischen 1962 und 1968, dann wieder 1988 und 1990 bis 1992 vor. In den Jahren 1965, 1966 und 1991 gelangen dort Brutnachweise. Weitere Bruten wurden 1974 bei Sebnitz und 1969 im Hirschewald bei Hinterhermsdorf festgestellt. Während die Männchen wohl immer Halsbandfliegenschnäpper waren, ist das für die mit ihnen verpaarten Weibchen fraglich.

Es kommt abseits der geschlossenen Brutverbreitung dieser Art regelmäßig zu Mischbruten mit dem Trauerfliegenschnäpper. Weitere Beobachtungen sind dokumentiert vom Raumberg 1966, im NSG Zatzschke 1980, am Ortsrand von Gohrisch 1987 und bei Rathewalde 1991.

Recht schlicht gefärbt ist der **Grauschnäpper** (*Muscicapa striata*), den oberflächliche Beobachter für einen Sperling halten können. Sein Gesang ist unauffällig, ein hohes Wispern aus Einzellauten und kleinen Strophen, mit viel „*tz*" oder „*zi*". Grauschnäpper brüten im Laubwald oder in Mischbeständen, so in den offeneren Tälern und auf den Basaltbergen, vielerorts aber auch in den Parks und Gärten menschlicher Siedlungen.

An den Felswänden und im Riffkiefernwald sind der **Hausrotschwanz** (*Phoenicurus ochruros*) und der **Gartenrotschwanz** (*Phoenicurus phoenicurus*) regelmäßig und mit ziemlicher Sicherheit anzutreffen. Ersterer ist ein echter Felsbewohner und in vielen Gebirgen anzutreffen, doch hat er sich die Städte und Dörfer mit ihren „Kunstfelsen" als Ersatzlebensraum erschlossen.

Der Gartenrotschwanz ist ein Bewohner aufgelockerter, gut strukturierter Wälder, meidet den reinen Nadelwald, ist aber auch in Parks und Gärten zu beobachten.

Am ehesten verraten sich die recht scheuen Vögel durch ihren Gesang, der bei beiden Arten ähnlich beginnt. Der des Gartenrotschwanzes ist flötender und die vollständige Strophe des Hausrotschwanzes endet mit einem gepreßten, kratzenden Schnörkel.

Beide Rotschwanzarten sind am rostroten Schwanz, der immer wieder zittert, gut zu erkennen. Die Männchen des Gartenrotschwanzes fallen durch ihre intensiv rot gefärbte Brust auf. Die schlicht graubraun gefärbten Weibchen beider Arten sind nur für den geübten Beobachter zu unterscheiden.

Während man dem Hausrotschwanz überall noch relativ häufig begegnet, er hat vor allem in den Städten zugenommen, ist der Bestand des Gartenrotschwanzes in den letzten Jahrzehnten deutlich rückläufig. In den Jahren der Wanderfalkenauswilderung konnten die Bestände beider Arten am Lilienstein erfaßt werden, wobei der Hausrotschwanz dreimal so häufig wie sein Vetter gesichtet wurde.

Ungefähr die gleichen Biotope wie der Wiesenpieper bewohnt das **Braunkehlchen** (*Saxicola rubetra*), welches Ende April wieder im Brutgebiet eintrifft. Feuchte Wiesensenken oder Ruderalfluren, so nennt man Ödlandflächen, mit kleinen feuchten Stellen und größeren Staudengewächsen, ein paar kleineren Büschen oder mit Koppelpfählen als Singwarte und

Gartenrotschwanz

Braunkehlchen

Schwarzkehlchen

Wachplatz sind im Braunkehlchenrevier unbedingt erforderlich. Braunkehlchen lieben die wilden, mit Disteln durchsetzten, für das menschliche Auge oft unordentlichen Wiesen. Die Nester stehen sehr gut versteckt am Boden, oft unter großen Grasbüscheln.

Das Braunkehlchen finden wir nicht mehr überall. Am häufigsten ist es schon immer am südwestlichen Gebietsrand um Hellendorf. Regelmäßig können wie ihm auch um Hinterhermsdorf, an geeigneten Stellen im Bereich der alten Hohen Straße, bei Goßdorf, Hohnstein, Dorf Wehlen, Pirna-Copitz, Cunnersdorf, Rosenthal, Schöna und Thürmsdorf begegnen. Südlich von Rosenthal besiedelte die Art auch kurzzeitig die gerodeten Flächen der Waldschadensgebiete.

Das verwandte **Schwarzkehlchen** (*Saxicola torquata*) wurde zwischen 1871 und 1913 bei Birkwitz, Königstein, Schandau, Kleingießhübel und Saupsdorf als Brutvogel bestätigt. Danach konnte es viele Jahrzehnte im Gebiet nicht mehr beobachtet werden. Erst im Jahre 1991 wurden wieder Bruten bei Pirna-Copitz bekannt und die Art wurde selten auch an anderen Orten auf dem Durchzug festgestellt. Derzeit sind im Kiesgrubenbereich von Copitz die einzigen Brutplätze vom Schwarzkehlchen auf sächsischer Seite bekannt. Mit jährlich etwa sechs Brutpaaren scheint das Vorkommen stabil zu sein. Einzelne Bruten dieser Art können aber durchaus auch an anderen Orten im Elbsandsteingebirge stattfinden. So wurden 1993 und 1998 je eine Brut auf böhmischer Seite bei Růžová/Rosendorf gefunden.

Schwarzkehlchen sind wärmeliebende Vögel und in Südböhmen, der Slowakei und Ungarn eine geläufige Erscheinung.

Die **Amsel** (*Turdus merula*) brütet überall, doch das war nicht immer so. Einst waren Amseln scheue Waldvögel und erst etwa um 1860 begann hier die sogenannte „Verstädterung“ der Art. Noch heute können wir feststellen, daß Amseln im Wald deutlich scheuer sind als ihre Verwandten in den Dörfern und Städten, welche oft unbekümmert in unmittelbarer Nachbarschaft des Menschen nisten. Auch singen „Waldamseln“ deutlich besser als „Gartenamseln“.

Singdrossel

Misteldrossel (*Turdus viscivorus*) und **Singdrossel** (*Turdus philomelos*) sind die Vögel, welche mit lautem Gesang den nahen Frühling ankündigen. Beide Arten sind überall zu finden, wenngleich die Misteldrossel deutlich seltener ist und sich im Gegensatz zur anderen Art noch nicht in dem Maß in die Gärten und Dörfer der Menschen vorgewagt hat.

Der Gesang der Misteldrossel, sie ist übrigens die größte Drossel bei uns, besteht aus vier bis sechs Tönen, laut und relativ schnell vorgetragen. Beim Abfliegen erkennen wir an beiden Schwanzseiten weiße Abzeichen und hören den charakteristischen schnarrenden Flugruf.

Singdrosseln haben lange Gesangsstrophen, bei denen einzelne Motive mehrmals wiederholt werden, weshalb auch vom „Schlagen“ gesprochen wird. Der Lockruf ist ein „*zip*“, daher der Name „Zippe“, während die Misteldrossel ihres Rufes wegen „Schnärre“ genannt wird.

Ein regelmäßiger Durchzügler ist die **Rotdrossel** (*Turdus iliacus*). Sie wird durch einen deutlichen weißen Streif über dem Auge und ziegelrote Flanken gekennzeichnet. Rotdrosseln ziehen oft vergesellschaftet mit anderen Drosseln. Ihr leiser, plaudernder Gesang, welcher oft im Chor des ganzen Trupps vorgetragen wird, brachte ihr den Namen „Weindrossel“ ein.

Die **Wacholderdrossel** (*Turdus pilaris*) bildet auf dem Durchzug die größten Schwärme, welche durchaus über 500 Vögel dieser Art zählen können.

Im Herbst sind es die Früchte der Eberesche, welche die Drosseln zum Verweilen anregen. Im Frühjahr sieht man die Schwärme oft auf den vom Schnee befreiten Wiesen. In der Zeit des Vogelzuges bilden Wacholderdrosseln eine Hauptbeute der heimischen Wanderfalken.

Aber die Wacholderdrossel ist auch heimischer Brutvogel und ihr Bestand scheint stetig zuzunehmen. Die Art brütet in Kolonien von wenigen bis zu 50 Paaren, nicht im Wald, sondern in Feldgehölzen, Parks, Gärten, Baumreihen und Alleen. Auch Einzelbruten wurden beobachtet.

Die nachfolgend beschriebenen Vogelarten sind wohl überwiegend nur nach ihren Familiennamen bekannt – Rohrsänger, Laubsänger, Grasmücken. Aber wer kennt schon Schwirle oder Spötter?

Viele Vertreter dieser Gattungen lassen besondere Kennzeichen vermissen und sind für den Laien recht schwierig zu unterscheiden, oft machen eher der Lebensraum und insbesondere der Gesang eine Bestimmung erst möglich.

Der **Feldschwirl** (*Locustella naevia*) ist ein seltener Sommervogel. Er bewohnt gern undurchdringliches Gelände und Gebüsche wie Him- oder Brombeerfluren, aber auch die Reisighaufen der Rauchschadensflächen südlich von Rosenthal. Am regelmäßigsten ist er im Elbtal zu finden, brütet aber vereinzelt auch andernorts, wenn ihm geeignete Habitate zur Verfügung stehen, so 1993 im Lohmgrund bei Rottwerndorf.

Mehr an feuchtes Gelände gebunden ist der **Schlagschwirl** (*Locustella fluviatilis*). Mit einiger Regelmäßigkeit wird er in den Uferstaudenfluren an der Elbe beobachtet, wo er sicher vereinzelt auch brütet. In den oberen Lagen des Osterzgebirges besteht ein weiteres regelmäßiges Brutvorkommen. Zur Zugzeit wurde die Art auch an anderen Orten, dann aber oft nur einen Tag lang, festgestellt.

Unterscheiden kann man die beiden Schwirl-Arten an ihren deutlich verschiedenen Strophen. Das Lied vom Feldschwirl klingt wie *„sirrrrrrr......“*, der Gesang vom Schlagschwirl hört sich wetzend wie *„dsedsedsedse.....“* an.

Der **Sumpfrohrsänger** (*Acrocephalus palustris*) ist ein häufiger Sommervogel im Elbtal, und man kann dort durchaus fünf bis sechs singende Männchen auf einen Kilometer Ufersaum feststellen.

Vereinzelt wird die Art auch in feuchten, mit Hochstauden bestandenen Talmulden, so bei Lichtenhain und Hinterhermsdorf sowie im Kirnitzschtal, noch seltener in Getreidefeldern beobachtet. Ganz außergewöhnlich ist die Feststellung eines Sumpfrohrsängers, allerdings zur Zugzeit, mitten im großen Waldgebiet in der Nähe des Raumberges.

In Feldgehölzen, in Gärten am Rande der Städte, in Dörfern und parkähnlichen Landschaften ist der **Gelbspötter** (*Hippolais icterina*), auch Gartenspötter genannt, ein verbreiteter, aber nirgends häufiger Brutvogel. Im Gegensatz zu den Rohrsängern und Schwirlen, wo bräunliche Gefiedertöne vorherrschen, hat der Gelbspötter eine olivgrüne Ober- und blaßgelbe Unterseite. Wie sein Name schon anklingen läßt, beinhaltet sein plaudernder, oft scharfer und kratzender Gesang imitierte Laute und Strophen vieler anderer Arten.

Eine Art der offenen Heckenlandschaft ist die **Dorngrasmücke** (*Sylvia communis*). Sie ist ein verbreiteter, aber nicht häufiger Brutvogel und bewohnte früher auch größere Kahlschläge. Mit der Rodung der Hecken und der Vergrößerung und Zusammenlegung der Felder wurde die Art nach 1980 deutlich seltener.

Die Dorngrasmücke hat von allen bei uns beheimateten Grasmücken das kürzeste Lied, welches mitunter im kurzen Balzflug vorgetragen wird.

Junge Zaungrasmücken

Zaungrasmücke

Die recht ähnliche **Zaungrasmücke** (*Sylvia curruca*), auch Klappergrasmücke genannt, ist ein besonders an Ortsrändern und in Dörfern, in Feldgehölzen, aber auch in Schonungen und an Waldrändern vorkommender Sommervogel. Ihrer namengebenden Klapperstrophe am Ende des Liedes wegen wird sie im Volksmund auch „Müllerchen" genannt.

An Waldrändern, an Lichtungen in gut strukturierten Mischwäldern, aber auch in größeren Gärten und Parks finden wir die **Gartengrasmücke** (*Sylvia borin*). Sie ist die unscheinbarste unter den Grasmücken, aber die mit dem schönsten, volltönenden und längsten Gesang.

Die **Mönchsgrasmücke** (*Sylvia atricapilla*) ist mit Abstand die häufigste Art und in allen Waldgesellschaften, aber auch in Gärten, Parks, Dörfern und Städten zu finden. Die Männchen sind an der schwarzen Kopfplatte, die bei den Weibchen rotbraun gefärbt ist, erkenntlich, daher auch das Synonym „Schwarzplatte". Ihr Lied kennzeichnet ein Abschluß aus lauten, in der Tonhöhe auf- und absteigenden Flötentönen, der sogenannte „Überschlag".

Laubsänger sind unscheinbare, oberseits überwiegend olivgrün gefärbte Singvögel mit weißlicher Unterseite. Sie sind optisch nicht leicht zu unterscheiden, durch ihre Stimme aber werden die einzelnen Arten gut gekennzeichnet. Mit nur 7,5 bis 9 Gramm gehören sie zu den kleinsten Vögeln Europas. Alle Laubsänger bauen ihre kleinen, backofenförmigen Nester versteckt am Boden. Von den fünf in Deutschland vorkommenden Arten brüten vier auch im Elbsandsteingebirge.

Der häufigste Laubsänger ist der **Zilpzalp** (*Phylloscopus collybita*) oder Weidenlaubsänger, der seinen Namen in Anlehnung an den monotonen Gesang der Art wie *„zilp, zilp, zalp...*" erhalten hat.

Der Gesang vom **Fitis** (*Phylloscopus trochilus*) könnte mit den Silben *„fit, fit, fiti, fit, düe, düe, dea, deida, da*", zum Schluß abfallend, umschrieben werden. In der älteren Literatur wird er als Fitislaubsänger bezeichnet, in der modernen Namensgebung läßt man das Wort Laubsänger fallen.

Beide Arten kann man überall beobachten, wobei der Zilpzalp etwas feuchteren Boden bevorzugt, der Fitis oft in Kiefernschonungen zu finden ist.

Der etwas größere **Waldlaubsänger** (*Phylloscopus sibilatrix*), erkennbar auch an der gelben Unterseite, läßt sich sehr gut am schwirrenden Gesang, wie *„sip, sip, sipsipsip sirrrrrr“* bestimmen, welcher ihm auch den Namen Waldschwirl einbrachte. Häufig leiten den Gesang, der oft im schwebenden Balzflug vorgetragen wird, weiche *„djü“*-Rufe ein.

Der Aufenthalt des Waldlaubsängers ist stark an die Rotbuche gebunden, wobei aber schon im Fichtenforst stehende Einzelbäume besiedelt werden können. ZIMMERMANN (1931) beschreibt die einstige Häufigkeit der Art während einer Wanderung zum Großen Winterberg im Juni 1923 mit folgenden Worten:

„In den Rotbuchenbeständen unterhalb des Gipfels wird der Waldlaubsänger, der während des Aufstieges von Schmilka aus bereits dauernd zu hören war, zahlreicher; das Schwirren der vielen Vögel erinnert mich manchesmal fast an die große Häufigkeit der Art in Bialowies.“

Seit geraumer Zeit ist der Bestand der Art stetig rückläufig und am Großen Winterberg dürften derzeit wohl kaum noch zehn Paare brüten. Ein möglicher Grund dafür scheint bisher nicht erkennbar.

Der **Grünlaubsänger** (*Phylloscopus trochiloides*) wurde im Elbsandsteingebirge erstmals Mitte Juni 1968 in den Bärenfangwänden festgestellt. Er bewohnt felsige, gut strukturierte Misch- und Nadelwälder im Gebirge.

Der Grünlaubsänger ist ein sibirischer Vogel, der in den letzten zwei Jahrzehnten aber hin und wieder in einigen Mittelgebirgen Deutschlands, so unter anderem im Harz, wo er erstmals 1998 brütete, im Erzgebirge und im Bayerischen Wald beobachtet wird. Im nordböhmischen Riesengebirge scheint die Art etwa seit 1990 jährlich zu brüten.

Anfang Juni 1994 wurde im mittleren Kirnitzschtal zwölf Tage lang ein singendes Männchen beobachtet, ein zweites etwa zehn Kilometer entfernt, ebenfalls im mittleren Kirnitzschtal auf böhmischer Seite. Mitte Juni 1998 wurde im selben Revier wieder ein singendes Männchen bestätigt. Im folgenden Jahr sang ein Männchen dort schon Ende Mai und Mitte Juli schließlich gelang durch den Fund des Nestes mit fünf Jungvögeln der erste Brutnachweis des Grünlaubsängers in Sachsen.

Die Strophen des Grünlaubsängers beginnen mit sich wiederholenden, beschleunigenden Elementen und sinken dann in der Tonhöhe allmählich ab. Mitunter werden Triller eingeschoben. Dieses Lied erinnert etwas an das des Fitis, aber auch an Elemente aus den Gesängen von Zaunkönig, Zwergfliegenschnäpper oder Tannenmeise.

Die kleinsten Vögel Europas sind das **Wintergoldhähnchen** (*Regulus regulus*) und das **Sommergoldhähnchen** (*Regulus ignicapillus*). Sie wiegen beide nur etwas über fünf Gramm, doch kann erstere Art mitunter ein wenig schwerer sein.

Goldhähnchen leben im Nadelwald, wobei das Wintergoldhähnchen mehr an die Fichte gebunden zu sein scheint. Wie schon die Namen andeuten, lebt das Sommergoldhähnchen nur im Sommer bei uns, es ist also ein Zugvogel, während die Schwesternart ganzjährig in unseren Wäldern zu Hause ist. Allerdings wurde im November 1979 im Großen Zschand ein wohl überwinterndes Sommergoldhähnchen beobachtet.

Goldhähnchen gleichen einander im Aussehen sehr, und das Sommergoldhähnchen unterscheidet sich von der anderen Art lediglich durch einen schwarzen Strich durch das Auge und einen hellen Streif darüber. Viel leichter sind beide Arten am Gesang zu unterscheiden. Das Lied des Wintergoldhähnchens ist ein Auf und Ab, das des Sommergoldhähnchens klingt anschwellend. Die Stimmen beider Arten liegen nahe der menschlichen oberen Hörgrenze, so daß manche, vor allem ältere Menschen, sie nicht mehr wahrnehmen können.

Schwanzmeise (*Aegithalos caudatus*) und **Beutelmeise** (*Remiz pendulinus*) sind keine Meisen im wissenschaftlichen Sinne. Beide Arten bauen recht kunstvolle Nester, die Meisen aber sind ausschließlich Höhlenbrüter.

Die Schwanzmeise ist hauptsächlich im Elbtal mit seinen Nebentälern, im rechtselbischen Felsgebiet und im anschließenden Lausitzer Granit zu finden. Sie meidet scheinbar die dichten Nadelforsten der linkselbischen Waldgebiete. Vor allem im Winter ziehen größere Trupps der Art, mitunter vergesellschaftet mit anderen Meisen, durch Wälder, Dörfer und Städte. Kennzeichnend dabei ist ihr ständig zu hörender Stimmfühlungsruf, der wie *„dzrrr"* klingt.

Schwanzmeisen erkennt man, wie es der Name schon sagt, am recht langen Schwanz. Das Elbsandsteingebirge liegt in einer Mischzone zweier Unterarten der Schwanzmeise; die westliche Unterart kennzeichnet am weißen Kopf ein mehr oder minder ausgeprägter schwarzbrauner Augenbrauenstreif, die östliche ist rein weißköpfig.

Schwanzmeisen bauen ihre eiförmigen, filzigen Nester mit seitlichem Eingang überwiegend in dichte Nadelhölzer, aber manchmal auch recht freistehend in Astgabeln von Laubbäumen, von einem Meter bis zu 12 Metern Höhe.

Die in den Oberlausitzer Teichgebieten überall zu findende Beutelmeise besiedelte unser Gebiet wohl nach 1950. Sie hängt ihr Nest an das Ende von meistens über dem Wasser hängenden Zweigen, überwiegend an Weiden und Birken. Ihre Brutplätze in der Pirnaer Elbtalweitung finden wir vor allem an den Mündungen der Bäche, an der Elbe und am Birkwitzer Graben. Es wurden aber auch schon Nester bei Niedervogelgesang und Königstein-Halbestadt gefunden.

Die **Kohlmeise** (*Parus major*) und die **Blaumeise** (*Parus caeruleus*) sind von den echten Meisen, welche alle Höhlenbrüter sind, die häufigsten und in allen Misch- und Laubwäldern zu finden. Man kann ihnen aber auch in Städten und Dörfern begegnen, wo der Mensch mit dem Aufhängen von Nistkästen günstige Verhältnisse zur Ansiedlung der Meisen geschaffen hat. Auch am winterlichen Futterhäuschen sind beide Arten eine regelmäßige Erscheinung. Hier ist die größte Meise, die Kohlmeise, am häufigsten vertreten.

Ein verbreiteter Jahresvogel der Sächsischen Schweiz ist die **Sumpfmeise** (*Parus palustris*). März (1957) nennt sie Graumeise, früher war sie auch unter dem Namen Nonnenmeise bekannt. Die von März (1957) getroffene Aussage, die Sumpfmeise sei häufiger als die Blaumeise, kann heute nicht mehr bestätigt werden. Auch Förster (1938) stellte sie nach der Häufigkeit geordnet einst hinter Kohl- und Blaumeise.

Die Sumpfmeise und die recht ähnliche **Weidenmeise** (*Parus montanus*) sind im Elbsandsteingebirge etwa gleich häufig vertreten, wenn man auch vermuten kann, daß letztere Art im rechtselbischen Gebietsteil ein wenig häufiger ist. Dies ist umso erstaunlicher, als doch Zimmermann (1931) und Förster (1938) vom völligen Fehlen der Art im Gebiet sprachen. Eine im Juni 1922 am Großen Winterberg beobachtete Weidenmeise wurde damals als Durchzügler gewertet.

Die Weidenmeise bewohnt weichlaubholzreiche Mischwälder, oft in Waldrandnähe und gern bei feuchten Standorten, was dagegen für die Sumpfmeise nicht unbedingt erforderlich ist, wenngleich ihr Name darauf hindeutet. Für die Weidenmeise ist das Vorhandensein von morschem Holz erforderlich, da diese Art ihre Bruthöhle in der Regel selbst anlegt, während die Sumpfmeise eine vorgefundene Höhle höchstens erweitert.

In ihrer äußerlichen Erscheinung ähneln sich beide Arten stark, bei längerer Beobachtung kann man folgende Merkmale erkennen: helle Armschwingensäume charakterisieren ein helles Flügelfeld bei der Weidenmeise, auch der schwarze Kehlfleck ist bei ihr größer, und sie hat ein abgestuftes Schwanzende.

Wesentlich einfacher ist es, beide Arten an der Stimme zu unterscheiden. Der Gesang der Sumpfmeise erinnert etwas an das Klappern der Klappergrasmücke, etwa *„dädädädädä"*. Die männlichen Weidenmeisen bringen im Frühjahr Reihen heller Pfeiflaute, wie *„zü zü zü zü zü"*. Am ehesten fallen Weidenmeisen durch ihre tiefen *„dähdäh"*-Rufe auf.

Haubenmeise (*Parus cristatus*) und **Tannenmeise** (*Parus ater*) sind Charaktervögel der Nadelwälder, wobei erstere Art deutlich seltener ist und etwas häufiger vor allem die Kiefernwälder der rechtselbischen Felsreviere besiedelt. Auch die Haubenmeise zimmert oft ihre Bruthöhlen selbst in morschem Holz.

Hauben- und Tannenmeise sind leicht voneinander, aber auch von anderen Meisen zu unterscheiden. Den Kopf der bräunlichen Haubenmeise ziert eine spitze, schwarz-weiß gezeichnete Haube und ihr am häufigsten zu vernehmender Ruf

Schwanzmeise

Beutelmeise

Blaumeise

Tannenmeise

Weidenmeise

Kleiber

ist ein *„zizi gürrrrr"*. Die im Fichtenwald häufige Tannenmeise ist von den anderen schwarzköpfigen Arten durch einen weißen Fleck am Hinterkopf und durch das Fehlen von gelben und braunen Tönen im Gefieder gut zu unterscheiden. Ihr Gesang klingt wie *„witze witze witze..."*, aber mit einigen Abwandlungen und ist mitunter so verschieden, daß man glaubt, eine andere Art vor sich zu haben.

Der oberseits graublaue **Kleiber** (*Sitta europaea*) ist wohl allgemein ein bekannter Vogel. Man sieht ihn gewandt an den Baumstämmen auf und abwärts klettern, wobei er nicht wie die Spechte seinen Schwanz als Stütze benutzt.

Im Frühjahr hört man oft seine weitschallenden Pfeifstrophen, wie *„tüh tüh tüh..."*, vor allem in Buchenbeständen. Der Kleiber ist ein Höhlenbrüter, der den Eingang seiner zur

Brut erwählten Höhle mit Lehm auf seine Größe zumauert. Daher auch sein Name, abgeleitet von „Kleber“. Selbst das große Flugloch einer Schwarzspechthöhle wird von den eifrigen Vögeln in wenigen Tagen verengt. Dieses Verhalten kann man auch an Nistkästen und an von ihm bezogenen Felslöchern beobachten. Eine weitere Eigenart ist der Bau des Nestes, wobei die Borke von Kiefern bevorzugt wird, so daß man ein Kleibernest eindeutig identifizieren kann.

Für den Laien, nur anhand der optischen Erscheinung sicher nicht zu unterscheiden, sind die beiden Zwillingsarten **Waldbaumläufer** (*Certhia familiaris*) und **Gartenbaumläufer** (*Certhia brachydactyla*), welche im Volksmund „Mausspecht“ genannt werden.

Während der Waldbaumläufer in allen Nadelwäldern ein verbreiteter Jahresvogel ist, wird der Gartenbaumläufer nur im Elbtal, um Pirna herum, regelmäßig beobachtet. Er kommt vor allem in Laubholzbeständen mit alten Bäumen mit tiefrissiger Borke, wie sie Eichen und Eschen haben, vor. Festgestellt wurde die Art an den Hängen der Wesenitz, im Lohmener Wald, in der Viehleite bei Pirna, in den Elbleiten bei Obervogelgesang und an der Festung Königstein sowie weiter flußabwärts im Graupaer Tännicht.

Sieht man also einen Baumläufer in den Wäldern der Hinteren Sächsischen Schweiz oder im linkselbischen Waldrevier, kann man sicher davon ausgehen, daß es sich um einen Waldbaumläufer handelt.

Gartenbaumläufer

Baumläufer brüten in den engsten Ritzen, so hinter abgespaltener Borke, hinter Verschlägen von Wildfütterungen und Hochsitzen, aber auch in Felsspalten und Mauerlöchern.

Baumläufer fliegen einen Baum nur wenig über dem Boden an und rutschen am Stamm, diesen dabei in Spiralen umrundend, aufwärts. Sie benutzen dabei wie die Spechte ihren Schwanz als Stütze.

Wie bereits gesagt, sind beide Arten schwer zu unterscheiden, am ehesten noch an ihrem Gesang. Das Lied des Waldbaumläufers ist länger und beinhaltet kurz vor dem Schluß eine absinkende Perltour. Das Lied vom Gartenbaumläufer klingt wie *„ti ti tiroiti“*.

Hält man Vögel dieser beiden Arten in der Hand, so wird man erkennen, daß der Schnabel des Gartenbaumläufers länger und mehr gebogen ist, dagegen zeigt sich die Hinterkralle der anderen Art länger und flacher. Aber eine solche Determination bedarf schon eines geübten Beobachters.

Ein seltener Sommervogel ist der **Pirol** (*Oriolus oriolus*), dessen regelmäßiges Vorkommen sich auf den Raum um Pirna beschränkt. Schon der Brutnachweis 1995 bei Thürmsdorf stellt etwas Besonderes dar. Vielleicht brütet die Art vereinzelt im Gebiet. So bestand in einem Jahr Brutverdacht bei Ottendorf. Zur Zeit des Vogelzuges kann man auf einen durchziehenden Pirol stoßen, hört sein klangvolles Flöten – Vorsicht, der Star kann es auch – oder den häßlich klingenden, kreischenden Ruf. Zimmermann (1931) begegnete der Art einst auf dem Großen Winterberg, Förster (1938) bezeichnete ihn als seltenen Gast, und März (1957) fand ihn brütend bei Rathewalde, Lohmen, Dorf Wehlen, Struppen und um Pirna.

Würger sind recht große Singvögel mit hakenartig gebogenem Schnabel. Gern sitzen sie frei auf Sträuchern, Bäumen oder Leitungsdrähten in offeneren Landschaften. Sie erbeuten große Insekten, aber auch kleine Reptilien, Vögel und Säugetiere. Ihre Rufe sind hart und kurz, ihr Gesang eher leise plaudernd und oft durch Imitationen anderer Arten angereichert. Würger spießen ihre Beute oft auf Dornen oder Aststücke, um sich so zu bevorraten.

Ein typischer Vertreter der Heckenlandschaften im urbanen Raum ist der **Neuntöter** (*Lanius collurio*), auch Rotrückenwürger genannt. Sein Bestand unterliegt stärkeren Schwankungen, und es hatte den Eindruck, daß diese Art vor etwa 15 Jahren ein großes Bestandstief erlitten hatte. Neben dem Einsatz verschiedener Umweltgifte waren sicher auch das Roden von Hecken und Feldgehölzen und die damit einhergehende Vergrößerung der landwirtschaftlichen Anbauflächen die Ursachen für dieses Bestandstief.

Früher besiedelte der Neuntöter auch größere Kahlschläge oder andere Freiflächen im Wald. Im Jahr 1977 wurde ein Paar im Großen Zschand beobachtet. Nach dem Roden der Waldschadensgebiete südlich von Rosenthal war der Neuntöter sofort Brutvogel dieser Gebiete.

Der größere **Raubwürger** (*Lanius excubitor*) ist regelmäßiger Wintergast im Gebiet. Bevorzugte Überwinterungsgebiete sind der Höhenzug der alten Hohen Straße zwischen Altendorf und Hertigswalde und die Feldfluren zwischen Lohsdorf, Ehrenberg und Hohnstein, wo mitunter mehrere Tiere gleichzeitig festgestellt werden. Aber auch bei Hinterhermsdorf, Ulbersdorf, Rathewalde, Lohmen und dem linkselbischen Cunnersdorf kann man dieser Art begegnen.

Seine nächsten aktuellen Brutgebiete sind im Osterzgebirge. So wurde im Jahr 1993 auf böhmischem Boden, westlich von Tisa/Tyssa, eine erfolgreiche Brut mit vier Jungvögeln gefunden. FÖRSTER (1938) bezeichnete die Art noch als „weder häufig noch regelmäßig" im Winter. In den Jahren 1952 bis 1954 brütete der Raubwürger noch im Pillnitzer Tännicht.

Neuntötermännchen am Nest

Daß **Rabenvögel** gleichfalls zu den Singvögeln gezählt werden und außerdem die größten Vertreter dieser Gruppe sind, wissen sicherlich die wenigsten. Sie stehen weit oben in der Entwicklung der Vögel und sind, um es mit menschlichen Worten auszudrücken, recht schlau. Sie verstehen es, wie auch die Papageien, Worte zu imitieren. So sprach eine vor einiger Zeit in Sebnitz gehaltene Krähe verständlich „Jakob – geht's wandern".

Immer wieder werden die Rabenvögel als Nesträuber verschrieen und ihr Abschuß gefordert. Doch erfüllen auch sie wichtige Funktionen im Kreislauf der Natur, so als „Wohnungsbauer" für verschiedene andere Arten.

Der relativ bunt erscheinende **Eichelhäher** (*Garrulus glandarius*) dürfte den meisten bekannt sein. Er ist in allen Wäldern vertreten und siedelt zunehmend in der Nähe des Menschen, am Rande von Städten, in Parks, auf Friedhöfen und in Dörfern. Im Winter ist er öfters auch am Futterhaus zu sehen und vertreibt dort durch seine Dominanz alle anwesenden Singvögel. Das Blau seiner Federn am Flügel ist keine Farbe, sondern entsteht durch Lichtbrechung in übereinanderliegenden Schichten.

Vor allem, wenn Ende August die Haselnüsse reifen, können wir den **Tannenhäher** (*Nucifraga caryocatactes*) auch in der Nähe oder innerhalb menschlicher Siedlungen beobachten. Er legt sich nun einen Vorrat für den Winter an. Mitunter füttert er im kommenden Frühjahr damit seine Jungen.

Förster (1938) und März (1957) kannten die Art nur als seltenen Brutvogel im Gebiet um Markersbach. Die Einwanderung vollzog sich fast unbemerkt und begann vor etwa 40 Jahren. Heute ist die Art ein Charaktervogel der Nadelwaldforste und eigentlich überall, aber nicht immer leicht zu beobachten.

In manchen Wintern erhalten wir Zuzug nordischer Tannenhäher. Dabei kommt es mitunter zu invasionsartigen Einflügen, wie schon beim Seidenschwanz beschrieben. Bedeutende Einflüge gab es in den Wintern 1954/55 und 1968/1969. Solche Häher sind weniger scheu und fressen nach vorsichtiger Gewöhnung manchmal sogar aus der Hand.

Tannenhäher brüten, wie die meisten Rabenvögel, recht früh im Jahr. So können schon Ende Februar die Eier im hervorragend isolierten Nest liegen. Die Vögel sind außerordentlich vorsichtig und leise im Brutbereich, so daß es sehr wenige Nestfunde gibt.

Tannenhäher am Nest

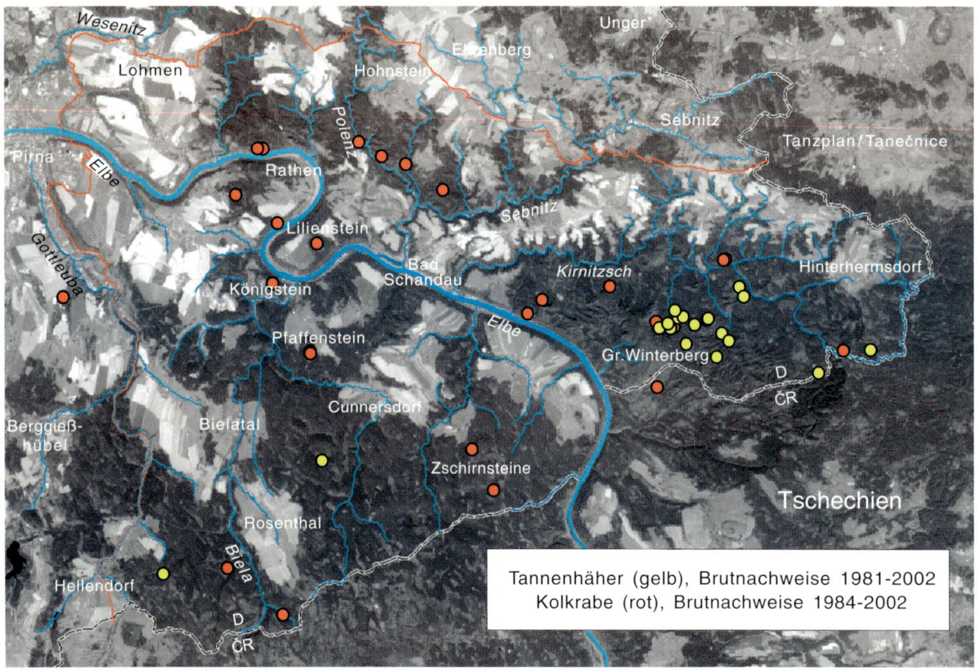

Die schwarz-weiße, langschwänzige **Elster** (*Pica pica*) ist allbekannt. Sie ist eigentlich ein Vogel der Feldflur und in ihren Nestern brüten mitunter Turmfalke und Waldohreule.

Wie die meisten Rabenvögel haben auch die Elstern gemerkt, daß sie in der Nähe des Menschen, also in Dörfern und Städten, immer einen reich gedeckten Tisch vorfinden, aber auch der Feinddruck deutlich geringer ist als in Feld, Flur und Wald.

In den Steinbrüchen des Elbtales wird man unweigerlich auf die **Dohlen** (*Corvus monedula*) aufmerksam. Schon im zeitigen Frühjahr treffen sie an ihren Brutplätzen ein.

Mit lauten *„kjack"*- Rufen fliegen die Dohlen in unterschiedlich großen Trupps vor den Felswänden hin und her. Immer wieder werden Höhlen und Felsbänder von den Paaren inspiziert und ein geeigneter Nistplatz gesucht. Zuweilen sitzen die Trupps auch in Bäumen auf oder vor den Wänden und man kann den recht leisen Gesang der Männchen hören.

Dohlen leben gesellig und brüten in lockeren Kolonien in den warmen Wänden der Steinbrüche. MÄRZ (1957) nennt im Gebiet noch zwölf Kolonien, von denen sicher einige, so im Lohmgrund und in der Herrenleite, schon länger erloschen sind. FÖRSTER (1938) kannte die Art noch als Baumbrüter im nördlich angrenzenden Lausitzer Gebiet, am Unger und am Tanzplan. Aus dem Elbsandsteingebirge ist solche Brutweise nie bekannt geworden, wohl aber im unmittelbar angrenzenden Osterzgebirge.

In den 1980er Jahren waren die Dohlen recht selten geworden und so manche bekannte Kolonie war verwaist oder auf nur wenige Paare zusammengeschrumpft. Heute scheint ihr Bestand im Elbsandsteingebirge wieder gesichert, und es kommt zur Ansiedlung einzelner Paare abseits der bestehenden Kolonien, so 1999 am Pfaffenstein.

In vielen Städten, wie Meißen, Dresden und Pirna, geht der Bestand der Dohle mit zunehmender Sanierung der Altbauten, Kirchen, Schlösser und Ruinen stetig zurück. Das Anbringen von Nisthilfen ist oft die letzte mögliche Maßnahme, um das Verschwinden der Art zu stoppen. An der Pirnaer Elbbrücke brüten Dohlen in den für sie aufgehängten Kästen.

Die **Saatkrähe** (*Corvus frugilegus*) ist im Gebiet nur Durchzügler und Wintergast. Ab Mitte Oktober sind große Schwärme, oft vergesellschaftet mit Dohlen, zu beobachten. Es können dabei durchaus 1000 Vögel und mehr zusammenkommen. Überall auf freien Feldern suchen sie nach Nahrung, ziehen aber bei geschlossener Schneelage oft rasch weiter oder überwintern in mitunter auch noch zahlenmäßig großen Schwärmen im Elbtal um Pirna.

Dohlen im Fels

Die **Aaskrähe** (*Corvus corone*) ist recht selten geworden im Elbsandsteingebirge. Insbesondere hat sie sich aus den größeren Waldgebieten verabschiedet. Auch sie ist wie die Elster ein wichtiger Brutplatzlieferant für kleine Falkenarten und Eulen.

Es gibt zwei Unterarten der Aaskrähe: die grau-schwarze Nebelkrähe im Osten und die schwarze Rabenkrähe im Westen. Der Lauf der Elbe ist sozusagen eine Mischzone, und wir können alle Übergänge in der Färbung der Vögel erkennen. Nur selten beobachtet man eine „echte" Nebel- oder Rabenkrähe, am ehesten noch im Winter, wenn östliche Krähen in südlichere Gefilde ziehen.

Mit lauten Rufen, und fast immer paarweise, sieht man **Kolkraben** (*Corvus corax*) über die Felsen fliegen.

Um 1850 verschwanden die letzten Brutpaare aus Sachsen, der Vernichtungsfeldzug des Menschen war damit wieder einmal „erfolgreich" gewesen. Im Elbsandsteingebirge erinnerten nur noch die Rabensteine im Kirnitzschtal und der Rabenstein bei Jetřichovice/Dittersbach an die Art, die letztmalig auf Reinhardtsdorfer Revier gebrütet hatte. Überlebensfähige Rabenpopulationen gab es in Deutschland nach dem 2. Weltkrieg nur in den Alpen, in Schleswig-Holstein und Mecklenburg.

Durch strenge Schutzmaßnahmen erholte sich der Bestand rasch, nahm stetig zu und expandierte in nicht voraussehbarem Ausmaß. Im Februar 1979 wurde der erste Kolkrabe wieder im Elbsandsteingebirge gesichtet und schon im folgenden Jahr gelangen mehrere Beobachtungen der Art. Im April 1984 wurde jenseits der Landesgrenze, in der Böhmischen Schweiz, ein erster Horst entdeckt und im Jahr 1988 flogen die ersten drei Jungraben aus einem sächsischen Felsenhorst aus. Rasch hatte der Kolkrabe das gesamte Elbsandsteingebirge besiedelt, wobei er hier nur an Felsen brütet, Baumhorste wurden bisher noch keine gefunden.

Daß der Kolkrabe im Gebiet seine optimale Bestandsdichte erreicht hat, zeigt uns der recht geringe Bruterfolg der einzelnen Paare. Nur die Hälfte der jährlich begonnenen Bruten verläuft erfolgreich. So flog im Jahr 2000 aus zwei Horsten mit je fünf Eiern im Nest nur ein Jungvogel aus. Schon Jahre vorher hatte U. August am Kleinen Zschirnstein von drei Jungraben nur noch einen lebend im Horst vorgefunden, die beiden anderen waren zum Teil schon verfüttert worden.

Kolkrabennest

Flügger Kolkrabe

Nach auffälliger Balz mit bemerkenswerten Flugspielen beginnen Kolkraben sehr zeitig im Jahr zu brüten. Das Weibchen bebrütet die Eier im hervorragend isolierten Horst allein und wird vom Partner, der die Nahrung im Kehlsack heran transportiert, gefüttert. Sind die Jungen ausgeflogen, werden sie bald von den Eltern ins Nahrungsgebiet geführt und in den Horstrevieren ist es auffallend still.

Ende August erscheinen die Altvögel wieder an den Brutplätzen, und es kommt zu den gleichen territorialen Verhaltensweisen wie bei der Balz im zeitigen Frühjahr. Dabei wird mitunter ein neuer Horst errichtet, der aber oft unvollständig, d.h. ohne die warme Innenauspolsterung, bleibt. So baute ein Rabenpaar in zehn Jahren mindestens sieben Horste. Die Jungraben schließen sich zu mitunter recht individuenstarken Trupps zusammen, und es ist keine Seltenheit, zehn, zwanzig, fünfzig und mehr Kolkraben beisammen zu sehen.

Der **Star** (*Sturnus vulgaris*) ist ein verbreiteter bis häufiger Sommervogel, wobei innerhalb von Pirna schon seit Jahren alljährlich dutzende Vögel überwintern. Stare brüten in Dörfern und Städten und ihre Dichte reguliert sich mit dem Angebot von natürlichen und Spechthöhlen sowie vor allem von Nistkästen. Sie brüten aber auch in hohlen Betonleitungsmasten, unter Dächern, in Mauer- und Felslöchern. Den eigentlichen Wald meiden Stare, trotzdem gab es schon Bruthöhlenfunde in 1,5 km Entfernung zum Waldrand. Die einst zahlreichen alten Obstbaumalleen an Straßen und Feldwegen hatten früher hohe Siedlungsdichten der Art – doch nach 1989 fielen diese Alleen oftmals der Säge zum Opfer!

Der gesellige **Haussperling** (*Passer domesticus*) war früher deutlich häufiger als er es jetzt ist. Einst, so berichtete FÖRSTER (1938) nach Darstellungen von W. L. GÖTZINGER und R. ZIMMERMANN, waren um 1800 Waitzdorf sowie Rugiswalde nördlich von Sebnitz noch sperlingsfrei und in Schmilka tauchte der Haussperling erst auf, als man um 1868 im Ort begann, Pferde zu halten.

Nach MÄRZ (1957) gab es in Kleingießhübel um 1940 ebenfalls noch keine Haussperlinge, und er meinte zu seiner Zeit: *„Im Zeitalter des Autos werden die Portionen an Haferresten knapper; aber der Haussperling als anpassungsfähiger Vogel wird sich halten"*.

Heute läßt sich sagen, daß die Art erhebliche Bestandseinbußen hinnehmen mußte. Ursachen sind zum einen die auffällige Abnahme der Tierhaltung, insbesondere der Kleintierhaltung wie der Hühner. Zum anderen wird den Vögeln mit der Sanierung der Häuser oft die Brutmöglichkeit genommen.

Schon immer war der wenig kleinere **Feldsperling** (*Passer montanus*) seltener als sein Vetter. Er brütet nicht so gesellig und lebt mehr im dörflichen Umfeld. In höhlenreichen Baumreihen an Feldwegen und in Obstplantagen war er einst häufig und brütete auch in Nistkästen im Dorf und am Stadtrand. Mitunter fand man Bruten in Felsspalten und Mauerlöchern, in Horsten größerer Greifvögel und beim Weißstorch sowie in hohlen Betonmasten, also ähnlich wie beim Star. Auch diese Art, bei der Männchen und Weibchen nicht so einfach zu unterscheiden sind wie beim Haussperling, wird in den letzten Jahren stetig seltener. Das wird mit einer Veränderung in der Landwirtschaft, im Beseitigen von Höhlenbäumen und in der Abnahme der Tierhaltung zu begründen sein.

Die häufigste Vogelart des Elbsandsteingebirges, wie auch andernorts, ist der **Buchfink** (*Fringilla coelebs*). Er ist überall zu Hause, lebt im Laub- und Nadelwald, in Feldgehölzen, in Alleen, in Dörfern und Städten. In den Thorwalder Wänden konnte er auch als Felsbrüter bestätigt werden und in der ehemaligen Freiluftgaststätte am Zeughaus brütete die Art unter den Dächern der „Futterraufen".

Buchfinken sind häufige Sommervögel, aber nur einige Männchen überwintern bei uns, die Weibchen scheinen alle wegzuziehen. Im Frühjahr und Herbst ziehen große Schwärme der Art durch das Gebiet und rasten auf Feldern und Wiesen. Unter ihnen sind nicht selten **Bergfinken** (*Fringilla montifringilla*) zu finden. Diese nordische Art erscheint bei uns häufig zur Zeit des Vogelzuges und oft kann man in den

Buchfinkenmännchen am Nest im Holunderstrauch

Bergfink

Stieglitz

Erlenzeisig

Buchenbeständen der Basaltberge größeren Schwärmen des „Quäkers", wie der Bergfink im Volksmund genannt wird, begegnen. Mitunter überwintern einige Vögel hier und erscheinen auch hin und wieder am Futterhaus.

Beobachtungen von Bergfinken im Mai und Juni lassen durchaus Brutverdacht aufkommen, was in Deutschland nur selten festgestellt worden ist. Es wurden auch Mischehen mit dem Buchfinken nachgewiesen.

Der **Girlitz** (*Serinus serinus*) ist ein Vertreter der Vogelwelt des Mittelmeerraumes, der sein Verbreitungsgebiet seit über 200 Jahren nach Norden hin erweitert. Er sieht einem Erlenzeisig ähnlich und wird sicher öfters mit diesem verwechselt. Doch wenn die Zeisigschwärme im Winter in den Ortschaften auftauchen, ist der Girlitz noch im südlichen Winterquartier. Er ist gelber als ein Zeisigweibchen und es fehlen die schwarzen Abzeichen am Kopf des Zeisigmännchens.

Der Gesang des Girlitzes ist mit keiner anderen Art zu verwechseln. Es ist ein klirrendes, hohes Klingeln, ein Auf und Ab, oft recht lang fortlaufend vorgetragen, häufig von erhöhter Warte oder auch im taumelnden, fledermausartigen Balzflug.

Der Girlitz bewohnt Grünbereiche und Randzonen der Ortschaften und ist selten auch in Feldgehölzen zu finden.

Der **Grünfink** (*Chloris chloris*), auch Grünling genannt, dürfte recht bekannt sein. Wie schon sein Name sagt, ist er überwiegend grün gefärbt und vor allem die Männchen haben deutliche gelbe Abzeichen an Flügeln und Schwanz. Der Grünfink ist überall in den Feldbereichen, an Waldrändern, auf Blößen und Aufforstungsflächen zu finden, aber auch in den Dörfern und im Stadtrandgebiet, wo Koniferen als bevorzugter Nistplatz vorhanden sind. Im Winter ist er oft Gast am Futterhaus und wird dann durch seine Aggressivität anderen Arten gegenüber auffällig. Der Grünfink zeigt im Frühjahr einen Balzflug, der dem des Girlitz ähnelt .

Der bunte **Stieglitz** (*Carduelis carduelis*) oder Distelfink ist recht selten im Elbsandsteingebirge und sein Vorkommen beschränkt sich auf die dörflichen Gegenden. FÖRSTER (1938) kannte die Art nur aus den Randbereichen, doch heute verhält es sich nicht mehr ganz so. Aber er ist trotzdem selten, ebenso selten wie die Distelfluren in der freien Landschaft, die für den Menschen nur „Unkraut" sind und deshalb beseitigt werden, für den Stieglitz aber seine Nahrungsgrundlage darstellen.

Ein regelmäßiger Jahresvogel ist der **Erlenzeisig** (*Spinus spinus*), heute meist nur Zeisig genannt. Als Durchzügler berühren oft nordische Brutvögel unser Gebiet und überwintern auch hier. Sie sind mitunter in großen Schwärmen in Erlenbeständen an Bächen und Teichen zu sehen. Am Futterhaus lassen sie sich in größerer Anzahl beobachten.

Das Brutrevier des Erlenzeisigs sind alte Fichtenbestände. Sein Nest baut er oft hoch oben in den dichten Wipfeln der Bäume. Es ist deshalb nicht verwunderlich, daß bisher nur zwei direkte Brutnachweise aus der Sächsischen Schweiz vorliegen, nämlich 1996 im Kleinen Zschand und 2002 im Polenztal, obwohl die Art sicher in jedem Jahr in unterschiedlich großer Zahl in den Nadelwäldern zur Brut schreitet.

Der **Bluthänfling** (*Acanthis cannabina*) ist im Elbsandsteingebirge nur sporadisch anzutreffen. Er bewohnt Gebüsche und Hecken im dörflichen Umland, aber auch die Rodungsflächen im Waldschadensgebiet südlich von Rosenthal. Regelmäßig trifft man ihn auf dem Friedhof am Dorfrand von Lichtenhain an. Im Winter sind oft Trupps von Hänflingen, wie die Vögel im allgemeinen Sprachgebrauch genannt werden, auf Ruderal- und sämereireichen Brachflächen zu beobachten, doch können das auch Gäste aus anderen Regionen sein. Insgesamt gesehen scheint sein Bestand abzunehmen.

Als nordischer Wintergast tritt der **Berghänfling** (*Acanthis flavirostris*) wohl fast in jedem Winter auf, doch sind Beobachtungen abseits des Elbtales und des Pirnaer Raumes deutlich seltener. Auch diese Art hält sich an die Sämereien der oft hochwüchsigen Stauden in für menschliche Begriffe „unordentlichen" Ruderalgebieten auf.

Der **Birkenzeisig** (*Acanthis flammea*) ist erst seit 1980 Brutvogel im Elbsandsteingebirge. In jenem Jahr gelang der Fund eines Nestes, nachdem schon einige Jahre zuvor bei Oelsen brutverdächtige Paare gesehen worden waren. Seit dieser Zeit breitete sich die Art im linkselbischen Waldrevier aus, erreichte schon bald die Elbe, hat sie aber bis heute als Brutvogel noch nicht überschritten.

Im Winter erscheinen Birkenzeisige in Trupps auch im rechtselbischen Gebiet und sind dann fast ausschließlich auf Birken bei der Nahrungssuche zu beobachten. Mitunter sind jahrelang keine Birkenzeisige zu beobachten, dann erscheinen sie wieder scharenweise, so nach FÖRSTER (1938) im Winter 1931/32, nach MÄRZ (1957) 1946 und 1948 sowie nach Beobachtungen von U. AUGST 1986/87.

Birkenzeisige bewohnen lockere, nicht zu alte Wälder und Gehölze mit hohem Anteil der Birke in der Baumartenverteilung, andernorts auch Parks und Friedhöfe. Im Gegensatz zum gelblichen Erlenzeisig haben die Männchen des Birkenzeisigs eine rötliche Brust und beide Geschlechter eine dunkelrote Stirnplatte. Im übrigen schlicht graubraun gestreiften Gefieder fällt eine helle Flügelbinde auf. Die Rufe des Birkenzeisigs klingen wie *„tjet"*, *„tschütt"* oder *„tschätt"*, die des Erlenzeisigs klingen eher weinerlich wie *„dää"* oder *„tschää"*.

Ein Zigeunervogel unserer Wälder ist der **Fichtenkreuzschnabel** (*Loxia curvirostra*). In manchen Jahren sind Vögel dieser Art zu sehen, oft recht häufig, dann hört man wieder einige Zeit nichts von ihnen. Hin und wieder treten sie auch invasionsartig auf, so nach MÄRZ (1957) in den Wintern 1948/49 und 1953/54.

Der männliche Fichtenkreuzschnabel ist rötlich gefärbt, das Weibchen grünfinkenähnlich. Beiden Geschlechtern eigen ist der an der Spitze überkreuzte Schnabel, was bei den unterseits gestreiften, grüngrauen Jungvögeln noch nicht so deutlich ausgebildet ist. Kreuzschnäbel sind oft in Trupps in den Wipfeln der Bäume, vor allem der Fichten, unterwegs, das sagt auch ihr Name. Wir hören dann nur die lauten, harten *„kip"*- Rufe oder bemerken von den Bäumen herabfallende Zapfen.

Fichtenkreuzschnäbel brüten recht früh im Jahr, immer dann, wenn es viele Fichtenzapfen, ihre Hauptnahrungsquelle, gibt. Oft liegt noch Schnee, wenn sie ihre Nester bauen, Eier legen und die Jungvögel großziehen. Wie die Verbreitungskarte auf Seite 118 zeigt, brütet die Art überall im Gebiet, nur werden ihre Bruten sehr selten entdeckt.

Ob der **Karmingimpel** (*Carpodacus erythrinus*) schon Brutvogel im Elbsandsteingebirge ist, gilt als ungewiß. Einzelne

Beobachtungen gelangen in den vergangenen zehn Jahren bei Rosenthal und Cunnersdorf. Im Osterzgebirge bei Rehefeld und Zinnwald werden regelmäßig Bruten bestätigt, so daß vielleicht auch im Elbsandsteingebirge mit vereinzelten Bruten der Art gerechnet werden kann.

Die Art breitet sich erst seit etwa 30 Jahren von Osten her aus, hat dabei aber scheinbar verschiedene Landschaften „einfach vergessen zu besiedeln".

Der **Gimpel** (*Pyrrhula pyrrhula*) oder Dompfaff ist ein regelmäßiger, aber nicht häufiger Brutvogel des Elbsandsteingebirges und vor allem in offeneren Tallagen, nicht jedoch in den engen Schluchten zu finden. Im Winter sind Gimpel auch am Futterhaus in Dörfern und am Stadtrand zu sehen. Gelegentlich finden Einflüge der nordischen, größeren und farbenprächtigeren Unterart bis in unser Gebiet statt.

Am schwarzen Oberkopf und Schwanz, dem weißen Bürzel, dem grauen Rücken und der leuchtend roten Unterseite beim Männchen, welche beim Weibchen grau ist, sind Gimpel leicht zu erkennen. Jungvögel sind fast einfarbig dunkelbraun. Der häufigste Ruf ist ein *„djü"*, den plaudernden, leisen Gesang hört man nur in der Nähe.

Unverkennbar ist der robuste, starengroße **Kernbeißer** (*Coccothraustes coccothraustes*). Förster (1938) und Heyder (1952) nennen die Art als kaum im Elbsandsteingebirge vorkommend, aber dem ist heute nicht mehr so.

Der Kernbeißer, mit dem mit Abstand kräftigsten Schnabel unter den Finkenvögeln, kommt in Laub- und Mischwäldern, in Gärten und parkähnlichem Gelände überall, aber keineswegs häufig vor. So finden wir ihn vor allem auf Basaltbergen und in den Laubwaldgesellschaften entlang der Lausitzer Überschiebung. Die Beobachtung einer Familie mit gerade flüggen Jungvögeln liegt von U. August aus dem Fuchsloch im Großen Zschand, also inmitten geschlossener Nadelwälder, vor.

Im Winter erscheinen Vögel dieser Art regelmäßig, aber oft nur einzeln am Futterhaus, besonders im ländlichen Raum.

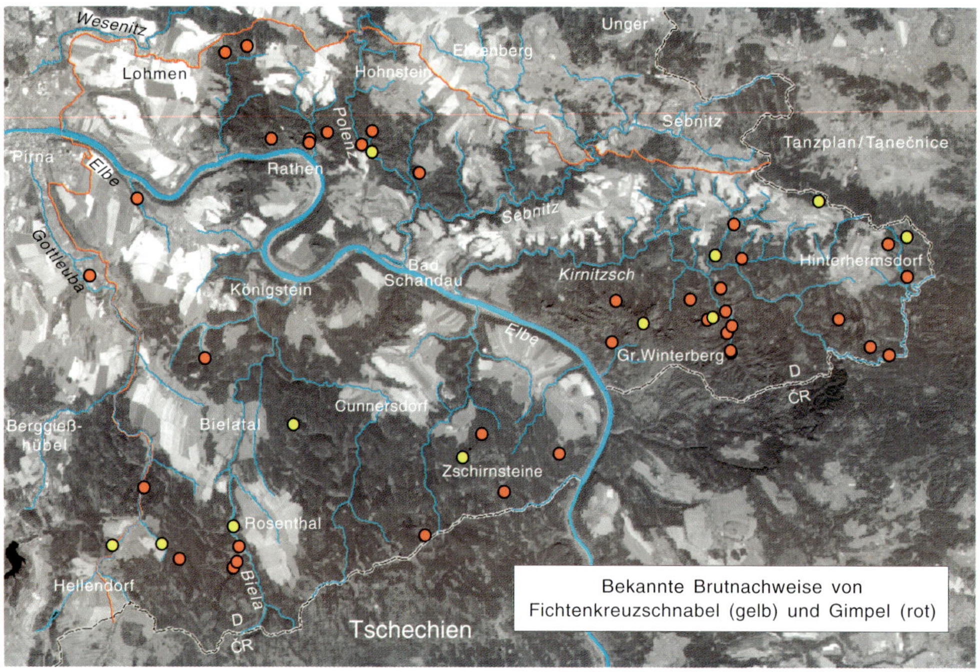

Bekannte Brutnachweise von Fichtenkreuzschnabel (gelb) und Gimpel (rot)

Die **Goldammer** (*Emberiza citrinella*), ein Bewohner der Gebüsch- und Heckenlandschaften der Agrargebiete, hatte, wie schon bei Dorngrasmücke und Neuntöter berichtet, unter den Maßnahmen der Flurbereinigung arg zu leiden.

Erfreulicherweise ist Bestand der Goldammer, nach etwa zwei Jahrzehnten starken Rückganges, nach 1989 wieder leicht, aber deutlich zunehmend. Im Winter halten sich oft größere Flüge an Mist- und Silohaufen in der bäuerlichen Landschaft auf.

Das Lied der Goldammer beginnt mit fünf bis zehn gleich klingenden Tönen, je nach Sänger lang-

Kernbeißer

Goldammer am Nest

samer oder schneller vorgetragen, und endet mit zischelnd klingendem „Triller“. Während die Weibchen ein recht unscheinbares Federkleid tragen, sind die Männchen durch leuchtend zitronengelben Kopf und Unterseite gut zu erkennen.

März (1957) kannte den **Ortolan** (*Emberiza hortulana*), auch Gartenammer genannt, noch als Brutvogel der Elbtalweitung um Pirna ostwärts bis Lohmen, Dorf Wehlen und Uttewalde und wieder bei Hertigswalde, Sebnitz und Ulbersdorf. Heute ist er ein recht seltener Durchzügler und wird in manchem Jahr, wie im Frühjahr 1973, häufiger, dann wieder nur vereinzelt oder auch jahrelang gar nicht beobachtet.

Die **Rohrammer** (*Emberiza schoeniclus*) ist ein seltener Brutvogel in den Verlandungs- und Uferzonen der Gewässer um Pirna. Brutnachweise existieren vom Birkwitzer und Brüchgraben bei Pirna-Copitz, am Unterlauf der Wesenitz und 1993 am Kohlberg südlich Pirna. Gelegentlich wurden im genannten Gebiet Überwinterungen von einem bis zu fünf Vögeln beobachtet. Auch auf dem Durchzug kann man der Art vereinzelt in Feuchtbereichen, aber auch auf Feldern begegnen.

Förster (1938) begegnete der unscheinbaren **Grauammer** (*Miliaria calandra*) noch in den Feldlandschaften des linkselbischen Gebietsteiles. März (1957) hörte sie öfters bei Lohmen, vereinzelt bei Rathewalde, Lichtenhain und Saupsdorf. Bis etwa 1978 könnte ein letztes Brutvorkommen bei Birkwitz bestanden haben.

Seit Jahrzehnten sucht man die Art vergebens, auch auf dem Durchzug wird sie äußerst selten beobachtet. Dieser Rückgang ist seit langem auch in vielen anderen Landschaften Deutschlands zu beklagen. Die Grauammer hat ihre Verbreitungsgrenze in Sachsen in den vergangenen 20 Jahren nordwärts verlagert, dagegen hat sich das Verbreitungsgebiet der Gartenammer in diesem Zeitraum nicht verändert.

Die Ankunft der Zugvögel in der Sächsischen Schweiz

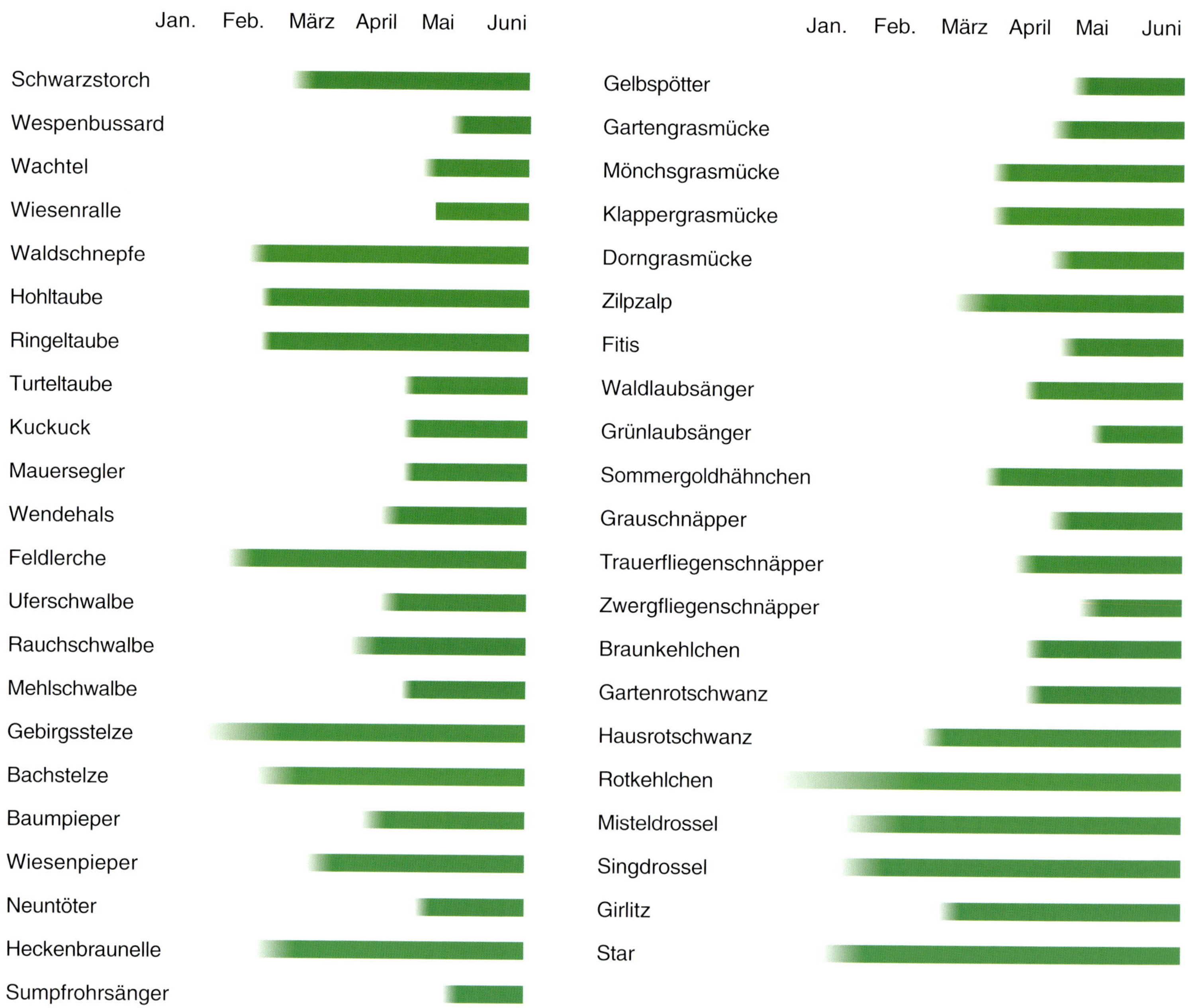

Lurche, Kriechtiere und Fische

Lurche und Kriechtiere

Die Herpetofauna, wie man die Vertreter von Lurchen (*Amphibia*) und Kriechtieren (*Reptilia*) bezeichnet, findet in der Sächsischen Schweiz bei weitem nicht so günstige Lebensbedingungen wie in den nördlich und südlich angrenzenden Landschaften, beispielsweise in der Oberlausitz. Dies hat seine Ursache im Fehlen geeigneter Lebensräume, wie größerer Wasserflächen und Sümpfe, ist zum anderen aber auch dem Gebirge an sich geschuldet. Dennoch besitzt die Sächsische Schweiz aber mit Feuersalamander und Kreuzotter interessante Vertreter dieser Tiergruppen, die unserer heimischen Landschaft ein charakteristisches Gepräge verleihen. In vielen Ländern Europas zählen Lurche und Kriechtiere heute zu den stark gefährdeten Tiergruppen. Diese Situation gilt auch für die Sächsische Schweiz.

Lurche

Von den 17 Lurcharten in Sachsen wurden bisher 13 Arten in der Sächsischen Schweiz sicher nachgewiesen.

Noch in der Mitte des 20. Jahrhunderts galten die Schwanz- und Froschlurche als relativ ungefährdet und fanden im Naturschutz kaum Beachtung. Aber spätestens seit den 1960er Jahren traten infolge der Intensivierung der Landnutzung Änderungen im Wasserregime und Nährstoffhaushalt unserer Landschaft auf. Die an das Wasser gebundenen und oftmals auf einen ganz bestimmten Laichplatz geprägten Froschlurcharten wurden davon besonders beeinflußt.

Viele von uns Menschen verursachten Erscheinungen zogen einen gravierenden Bestandesrückgang nach sich. Sumpf- und Feuchtwiesen wurden trocken gelegt, kleine Teiche und Tümpel in der offenen Landschaft beseitigt, viele Wasserläufe begradigt und mit einer biotopfeindlichen Ufergestaltung versehen. Viele Standgewässer wurden homogenisiert und eutrophiert, d.h. zuviele Nährstoffe eingebracht, und es trat eine Verschlechterung der Gewässerqualität ein.

Infolgedessen hat sich beispielsweise der Bestand der noch „häufigen" Lurcharten Grasfrosch und Erdkröte in den letzten vierzig Jahren um bis zu 90 % verringert. Aus Unkenntnis über die tatsächliche Verbreitung und Situation der Lurcharten wurden viele ihrer Lebensräume vernichtet. Erst seit den letzten zwanzig Jahren entwickelte sich, meist ehrenamtlich getragen, der Amphibienschutz, um dieser traurigen Entwicklung entgegenzuwirken.

Eine selten zu beobachtende, aber doch recht charakteristische Art unserer heimischen Natur ist der **Feuersalamander** (*Salamandra salamandra*). Besonders an warmen Regentagen im April und Mai, wenn die Weibchen zum Gebären an die Bäche ziehen, sind die sonst nachtaktiven Tiere auch am Tage zu beobachten. Es gibt in Deutschland zwei Unterarten des Feuersalamanders, die im wesentlichen an ihrer Färbung und Zeichnung unterschieden werden. In Sachsen kommt eine Übergangsform vor, die sowohl Streifen als auch Flecken in ihrer Zeichnung aufweist. Eine Differenzierung der Geschlechter ist nicht einfach und bleibt dem Spezialisten vorbehalten.

Die Art hatte früher in der Sächsischen Schweiz, aber auch in der angrenzenden Lausitz eine größere Verbreitung. In den letzten Jahrzehnten ist sie in ihrer Häufigkeit stark zurück gegangen. In der Sächsischen Schweiz sind die Oberläufe der Bäche in stark strukturierten Steilhängen (Granitgebiet) sowie Täler und Schluchten mit natürlicher Laubwaldbestockung bevorzugte Lebensräume.

Die besten Vorkommen des Feuersalamanders befinden sich derzeit im Struppengrund (eine Population mit noch über einhundert Tieren), im Riesengrund, im Hirschgrund bei Schöna, im Großen Zschand und in den Kirnitzschleiten bei Mittelndorf.

Die Larven des Feuersalamanders nutzen die Oberläufe der Bäche zwischen dem Quellbereich und der Forellenregion. Hier stellt ihr Vorkommen einen Indikator für die Wasserqualität, das Abflußregime und die Gewässerstruktur dar.

Besonders die Verschlechterung dieser Quellbäche, verbunden mit einem zu starken Wasserabfluß, der die Feuersalamanderlarven bachabwärts verdriftet, wo sie unter anderem von Forellen gefressen werden, sind Ursachen für den drastischen Bestandsrückgang der Art. Dieser wird durch die hohe Lebenserwartung jedoch relativiert, Feuersalamander können im Freiland bis 50 Jahre alt werden. Deshalb kann man in einem Tal noch Jahrzehnte einzelne Feuersalamander finden, obwohl schon lange keine Jungtiere mehr heranwachsen.

Der Feuersalamander ist eine Charakterart der Sächsischen Schweiz.

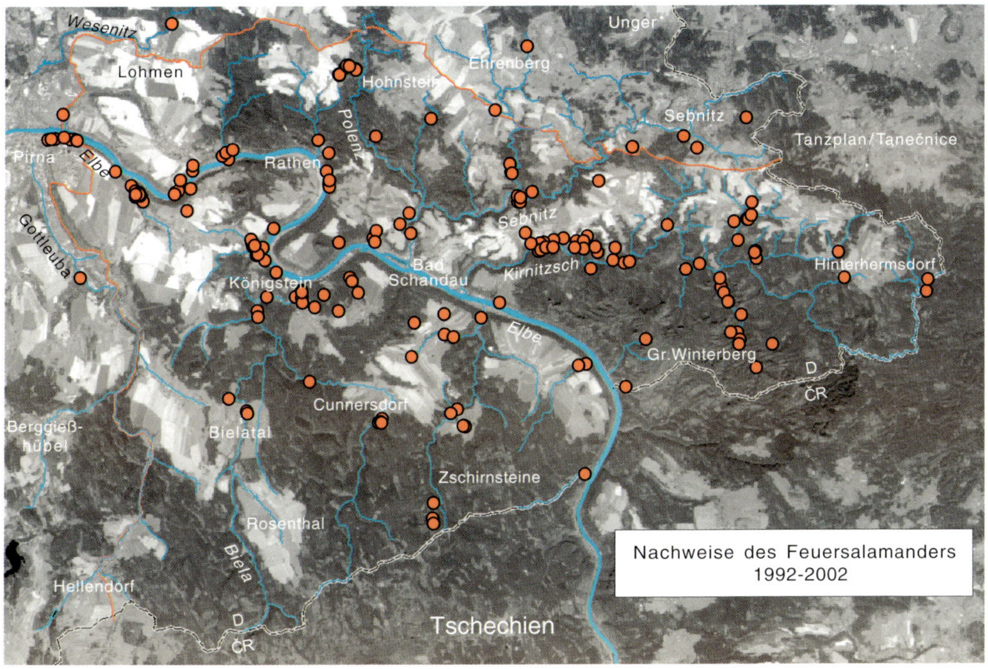

Die Paarungen der Feuersalamander finden von März bis September, mit Höhepunkt im Juli, in der Nacht statt. Ob dabei die Männchen durch Duftstoffe der Weibchen angelockt werden, ist noch ungeklärt.

Der Feuersalamander ist die einzige einheimische Amphibienart, die ihre Larven lebend gebären. Im Durchschnitt werden von einem Weibchen etwa 20 bis 30 davon abgesetzt, wobei die Anzahl großen Schwankungen unterworfen ist.

Feuersalamander sind Nahrungsgeneralisten und bevorzugen keine besondere Beute. Einen Großteil ihres Beutespektrums machen Nackt- und Gehäuseschnecken sowie

Regenwürmer aus, wobei aber auch Asseln, Schmetterlingsraupen und verschiedene Käferarten nicht verschmäht werden.

Erwachsene Feuersalamander haben kaum natürliche Feinde. Schon die gelb-schwarze Färbung schreckt die meisten potentiellen Freßfeinde ab. So versuchen die Tiere bei Gefahr auch kaum zu fliehen, sondern senken nur den Kopf und präsentieren dem Angreifer ihre Hautdrüsen mit den hochgiftigen Sekreten. Nach dem Verzehr eines Feuersalamanders kann selbst ein Tier von der Größe eines Hundes verenden.

Laub- und Schluchtwälder mit Bächen sind der natürliche Lebensraum des Feuersalamanders.

Der Feuersalamander besitzt kaum natürliche Feinde.

Die Wassermolche sind mit drei Arten in der Sächsischen Schweiz vertreten, von denen der **Bergmolch** (*Triturus alpestris*) der häufigste ist. Der kleine bis mittelgroße Molch hat eine schwarzbläuliche Oberseite, welche reichlich mit schwarzen Punkten und Flecken gezeichnet ist; seine Unterseite ist orangerot. Das Männchen besitzt zur Fortpflanzungszeit im Frühjahr einen schmalen ungezackten Kamm, der vom Nacken bis zur Schwanzspitze reicht.

Der Bergmolch kommt von wenigen Ausnahmen einmal abgesehen, fast nur in Waldgebieten oder auch in kleineren, von Gehölzen bewachsenen Tälern vor. Er ist mit einer gewissen Regelmäßigkeit in der gesamten Sächsischen Schweiz verbreitet. Seine Laichgewässer sind kleinere Teiche und Tümpel mit stehendem oder nur ganz langsam fließendem Wasser an kühl-feuchten Örtlichkeiten im Wald. Nicht selten werden aber auch Fahrspurrinnen und wassergefüllte Wildsuhlen zur Reproduktion genutzt.

Der 12 bis 17 cm große **Kammolch** (*Triturus cristatus*) ist der größte aus der Familie der Wassermolche. Seine schwarze Oberseite weist kleine weiße Pünktchen an den Seiten auf, seine orangegelbe Unterseite ist schwarz gefleckt. Zur Fortpflanzungszeit hat das Männchen auf Rücken und Schwanz einen hohen, tief gezackten Hautkamm.

Der Kammolch scheint in der Sächsischen Schweiz früher eine nicht so seltene Erscheinung gewesen zu sein wie heute. In der älteren Literatur, so bei STIEHLER (1911) und MÄRZ (1957), finden sich verschiedentlich Hinweise auf sein Vorkommen. Häufig ist er jedoch nie gewesen und scheint weite Teile des Elbsandsteingebirges gemieden zu haben.

Er bevorzugt die offene Landschaft und hier vor allem gut strukturierte, größere Teiche, Weiher und Tümpel, die sonnenexponiert sind. Wichtig dabei erscheint, daß ein nur geringer oder gar kein Fischbesatz darin und ausreichend Nahrung vorhanden ist, welche hauptsächlich aus Wasserinsekten besteht. Derzeit existieren nur einige wenige kleine Populationen auf der Struppener Ebenheit und in Bielatal-Raum, wo regelmäßig Tiere zur Laichzeit nachgewiesen wurden. Im angrenzenden Pirnaer Elbtal hat der Kammolch dann weitere Vorkommen.

Nicht selten ist der **Teichmolch** (*Triturus vulgaris*), der nur 6 bis 8 cm lang wird. Die Männchen sind durch eine grünbraune Färbung mit schwarzen Punkten gekennzeichnet, ihre Unterseite ist orangegelb mit dunkleren Flecken. Während des Wasseraufenthaltes entwickelt sich ein gezackter Hautsaum unterbrechungslos vom Nacken bis zur Schwanzspitze. Das mehr bräunlich gefärbte Weibchen besitzt dunkle Seitenstreifen.

Der Teichmolch kommt in der Sächsischen Schweiz des öfteren zusammen mit dem Bergmolch in denselben Gewässern vor, meidet aber die größeren Waldgebiete. Insgesamt häufen sich seine Vorkommen in der linkselbischen Vorderen Sächsischen Schweiz, im Struppener Gebiet. Er kommt am Weifberg bei einer Höhenlage von 470 m vor.

Sichere Beobachtungen der **Rotbauchunke** (*Bombina bombina*) als ausgesprochene Tieflandsart sind aus der Sächsischen Schweiz nicht bekannt, bei mancher Angabe der Gelbbauchunke, z.B. bei MÄRZ (1957), könnte es sich um Verwechslungen mit dieser handeln. Auch die ehemaligen Vorkommen der Rotbauchunken am Birkwitzer See, von denen noch MÄRZ (1957) berichtet, sind seit vielen Jahren erloschen.

Bergmolch

Bei den von SCHREITMÜLLER (1910) aufgeführten Nachweisen der **Gelbbauchunke** (*Bombina variegata*) bei Wehlen und Königstein dürfte es sich mit hoher Wahrscheinlichkeit um Aussetzungen von Tieren handeln. Die nördliche Verbreitungsgrenze der Art verläuft in Thüringen.

Dagegen gibt es von der **Knoblauchkröte** (*Pelobates fuscus*) in neuerer Zeit drei sichere Nachweise in Bielatal 1993, in Lohmen 1999 und in Langenhennersdorf 2000. Die Art ist aber seit jeher als seltene Krötenart in der Vorderen Sächsischen Schweiz festgestellt worden. In Waldkauzgewöllen fand sie sich in den 1950er Jahren im Forstgraben bei Hohnstein und in Sebnitz am Buchberg (MÄRZ 1957).

Die Knoblauchkröte führt ein sehr verstecktes Leben und ist am Tage oft in die Erde eingegraben. Als Steppenart lebt sie vorwiegend in offen Landschaften mit lockeren Böden und meidet hohen Grundwasserstand. Ihr Name leitet sich von dem gelegentlich abgesonderten Knoblauchgeruch ab.

Als häufig und gleichmäßig über das ganze Gebiet verbreitet, gehört die **Erdkröte** (*Bufo bufo*) zu den häufigsten Lurcharten der Sächsischen Schweiz. Die gelbbraunen Tiere, deren Haut von unzähligen Warzen bedeckt ist, wurde zum Inbe-

Porträt einer Erdkröte

griff der Häßlichkeit und so auch mit allerlei Aberglauben bei der Landbevölkerung versehen. Auch ihre schönen und goldig schimmernden Augen konnten daran nichts ändern.

Obwohl noch in den unterschiedlichsten Lebensräumen weit verbreitet, belegen die rückläufigen Zahlen an den Krötenzäunen die Gefährdung der Art. Eines der traurigsten Beispiele ist sicherlich die ehemals große Population der Erdkröte um Waltersdorf, die 1991 noch über 1600 Tiere verzeichnete und im Jahr 2001 gerade noch 200 Exemplare aufwies.

Große Populationen mit mehreren hundert Tieren finden sich noch im Kirnitzschtal an der Ostrauer Mühle, in Kleingießhübel, an der Bastei, im Feuerlöschteich Naundorf, am Hochbusch bei Lichtenhain und in Ostrau. Die Bestandszahlen, die freilich größeren Schwankungen unterliegen, gehen aber seit Mitte der 1990er Jahre vielerorts deutlich zurück. Die Rückgangsursachen entsprechen den bereits erwähnten.

Schwierig ist der Status der durch einen gelben Rückenstrich gekennzeichneten **Kreuzkröte** (*Bufo calamita*) einzuschätzen. Sichere aktuelle Nachweise aus den letzten Jahren sind nicht bekannt. Ob bei früheren Angaben, wie STIEHLER (1911), der sie beiläufig erwähnt, die Art exakt bestimmt wurde, muß offen bleiben. FÖRSTER (1938) erwähnt sie nicht, MÄRZ (1957) gibt sie von den tieferen Lagen bei Pirna und von Dorf Wehlen an. Bei SCHIEMENZ (1980) wird sie von Hinterhermsdorf und in der Vorderen Sächsischen Schweiz (wohl nach MÄRZ ?) angegeben. Diese Angaben sind auch in neuere wissenschaftliche Faunen übernommen worden.

Von der grün-weiß gefleckten und mit roten Warzen versehenen **Wechselkröte** (*Bufo viridis*) dagegen sind in den letzten zehn Jahren sechs sichere Vorkommen aus dem Gebiet der Sächsischen Schweiz bekannt geworden. Sie liegen alle im Elbtal und in der Vorderen Sächsischen Schweiz, so in Postelwitz, Prossen, Naundorf und Uttewalde. Auch MÄRZ (1957) gibt die Wechselkröte schon für Uttewalde an.

Die Wechselkröte, als eine kontinentale Steppenart, ist bei uns an das wärmere Hügelland und Elbtal gebunden, wo sie hier und da noch kleinere Vorkommen haben wird. Ihren Namen verdankt sie der Fähigkeit, ihre Farbe zu verändern. Während der Paarungszeit kann man ihren trillernden Ruf vernehmen.

Der allgemein bekannte **Laubfrosch** (*Hyla arborea*) besaß früher in der Vorderen Sächsischen Schweiz und im Elbtal verschiedene Vorkommen. Davon berichten STIEHLER (1911) und FÖRSTER (1938). MÄRZ (1957) schreibt: *„An den umbuschten Feldweihern in der Flur Dorf Wehlen fing ich vor Jahren ab und zu einen solchen."* Mehrere dieser Feldweiher befanden sich wohl südlich von Dorf Wehlen und sind der Intensivierung der Landwirtschaft in den 1960er Jahren zum Opfer gefallen. Damit war auch dieses Vorkommen erloschen. Seit langen Jahren liegen jetzt keine aktuellen Nachweise des Laubfrosches aus der Sächsischen Schweiz vor.

Vom **Moorfrosch** (*Rana arvalis*) finden wir in der älteren faunistischen Literatur keinerlei Angabe oder Beobachtung aus der Sächsischen Schweiz.

Die zu den Braunfröschen gehörende Art, die gern in Habitaten mit hohem Grundwasserstand und Feuchtwiesen vorkommt, und deren Männchen sich zur Paarungszeit violett

Eine in der Sächsischen Schweiz ausgestorbene Art, der Laubfrosch

bis bläulich färben, wurde 1989 erstmals für die Sächsische Schweiz im Sebnitztal an der Buttermilchmühle durch die Fachgruppe Herpetologie Leipzig nachgewiesen. Bei SCHIEMENZ (1994) taucht dann ein weiterer Nachweis aus der linkselbischen Sächsischen Schweiz auf.

Im Rahmen von herpetologischen Untersuchungen wurde der Moorfrosch 1994 mehrfach an der oberen Kirnitzsch unter den Rabensteinen bestätigt. Die Nachweise zeigen eine deutliche Häufung im Bereich des Khaatales / Kyjovské udolí und des gleichnamigen Ortes, wo der Moorfrosch nicht selten zu sein scheint. Auch am Buschbach bei Hellendorf wurde der Moorfrosch in letzter Zeit festgestellt.

Der ebenfalls zu den Braunfröschen gehörende und durch seine relativ lange und zugespitzte Schnauze auffallende **Springfrosch** (*Rana dalmatina*) ist, wie neuere Erhebungen zeigen, bei weitem nicht so selten wie früher angenommen. In früherer Zeit wurde die Art nicht vom Grasfrosch unterschieden und so fehlen uns ältere Nachweise.

Die wärmeliebende Art bevorzugt Waldränder, Haine und Lichtungen, aber auch Feuchtwiesen im Flach- und Hügelland. So zeigt die Verbreitungskarte eine deutliche Häufung des Springfrosches in der Vorderen Sächsischen Schweiz. Das höchstgelegene Vorkommen befindet sich auf dem Großen Winterberg bei 540 m sowie am Loschebach bei 420 m NN.

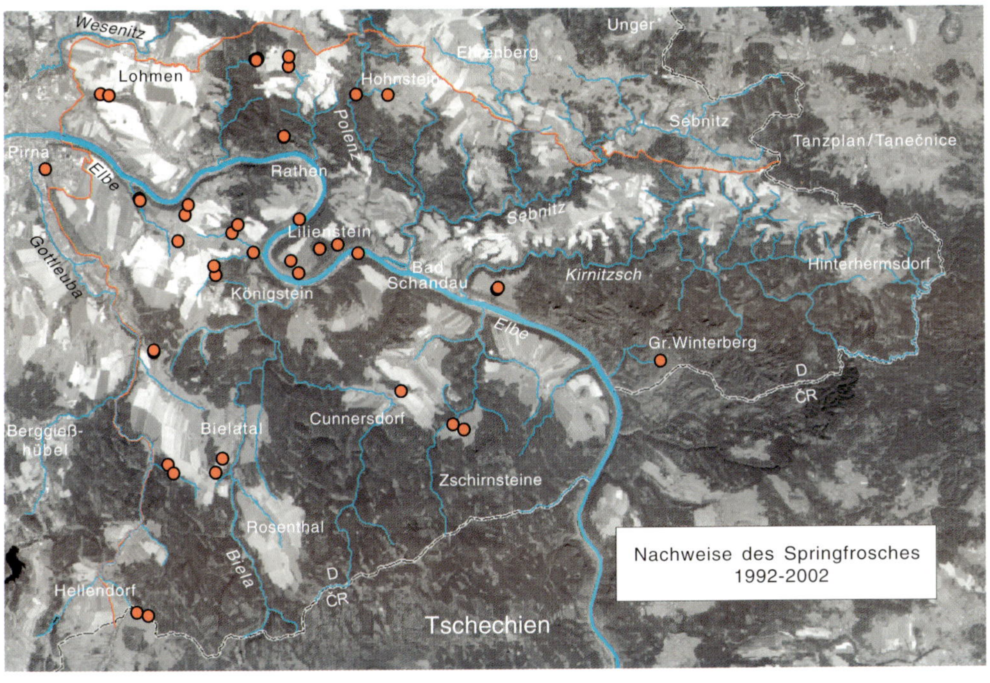

Die größte Ansammlung von über 100 Tieren wurde 1992 an den Hutenteichen bei Rathewalde festgestellt. An vielen Laichplätzen werden jedoch nur zwischen 10 und 20 Tiere nachgewiesen. Als Laichgewässer dienen in der Sächsischen Schweiz vorwiegend kleinere Waldteiche und Tümpel, aber auch Gewässer, die sich im Offenland befinden. Springfösche wurden auch im Sommer auf dem Liliensteinplateau (415 m NN) angetroffen.

Neben der Erdkröte gehört der braun bis grünlichbraun gefärbte **Grasfrosch** (*Rana temporaria*) zu den häufigsten Lurcharten der Sächsischen Schweiz. Als Lebensraum bevorzugt er feuchte Stellen in Wald und Flur. Er ist mit vielen Nachweisen und Beobachtungen gleichmäßig über die gesamte Sächsische Schweiz mit hoher Dichte verbreitet.

Dennoch täuscht diese weite Verbreitung darüber hinweg, daß an fast allen Gewässern in den letzten Jahren ein Rückgang zu verzeichnen ist. Dies ist die Folge von Verunreinigung sowie anderer negativer Umweltveränderungen und Zerstörungen. Größere Populationen finden sich während der Laichzeit noch in den Hutenteichen bei Rathewalde 1993: 300 Tiere, im Kirnitzschtal an der Ostrauer Mühle 1997: 300 Tiere, am Neuteich bei Rosenthal 1992: 100 Tiere und bei Papstdorf am Lasengraben 1992: 150 Tiere.

Der Grasfrosch laicht schon sehr zeitig im Jahr. Der Laich schwimmt in großen Klumpen auf dem Wasser. Oftmals nutzt er die Laichgewässer gemeinsam mit der Erdkröte.

Grasfrosch

Teichfrosch

Von den Grünfröschen kommen in der Sächsischen Schweiz zwei Arten vor. Nur an der Elbe mit ihren Altwässern bei Königstein und Strand lebt der bis zu 11 cm große **Seefrosch** (*Rana ridibunda*) in zwei kleineren Populationen.

In der älteren Literatur wird der Seefrosch nicht vom Wasserfosch bzw. Teichfrosch unterschieden und so fehlen uns ältere Nachweise. Auch bei Schiemenz (1994) fehlt die Art erstaunlicherweise. Die obengenannten Populationen, die nur aus einigen Dutzend Tieren bestehen, sind aber im Mai weithin im Elbtal mit ihren keckernden Rufen zu hören.

Eine noch seltenere Erscheinung ist der etwas kleinere **Teichfrosch** (*Rana* kl. *esculenta*), der den ganzen Sommer im Wasser der beiden Elblachen bei Königstein und Strand sowie in einigen kleineren Teichen im Elbtal, bei Dorf Wehlen und Struppen verbringt. Die Populationen sind sehr klein und umfassen stets nur wenige Tiere. Es scheint auch gegenüber den Angaben bei Förster (1938) und März (1957) keinerlei Ausbreitung der beiden letztgenannten Arten gegeben zu haben, und so sind deren Standorte fast die gleichen geblieben.

Kriechtiere

Von den Reptilien, wie man die Kriechtiere auch bezeichnet, sind bisher sechs Arten im Gebiet der Sächsischen Schweiz nachgewiesen.

Die Gefährdungssituation unserer heimischen Reptilienarten ist, wenn auch differenzierter als bei den Lurchen, in ähnlicher Weise besorgniserregend. Der hohe Gefährdungsgrad muß dabei Anlaß zu dringend notwendigen Bemühungen sein, wobei dem Schutz der bestehenden sowie der Neuanlage und der Vernetzung geeigneter Lebensräume hohe Bedeutung zukommt.

Neben der erforderlichen ökologischen Freilandarbeit, welche die noch ungenügenden lokalen biologischen Kenntnisse erweitern muß, ist die Aufklärung bei der Bevölkerung ein hauptsächliches Anliegen.

Schlangen sind allgemein harmlose, biologisch eng gebundene Tiere, die ganz zu Unrecht einen derart schlechten Ruf genießen. Alter Aberglaube, Angst sowie Unkenntnis führten und führen oft zu einer falschen Anschauung dieser hochinteressanten Tiergruppe. Dies verdeutlicht der aufgeklärte und gebildete Lehrer Stiehler (1911) in seinem ansonsten amüsant geschriebenen Tiervortrag, der zur Kreuzotter folgendes ausführt:

„Wenn auch die Berichte in Tagesblättern über die Wirkung des Giftbisses meist stark übertrieben sind, so muß sie doch, wo immer sie auch gefunden wird, getötet werden."

Die **Blindschleiche** (*Anguis fragilis*), die viele Menschen auf Grund ihres Äußeren noch immer als Schlange ansehen, gehört zusammen mit den Eidechsen zu den Schuppenkriechtieren.

Die Jungtiere sind oft heller und glänzender gefärbt. Ältere Männchen haben bisweilen einen blaugefleckten Rücken und einen schmalen Bauchstreifen. Die Blindschleiche ist an schattigen Waldrändern, Waldblößen, Feldrainen und in extensiv genutzten Wiesen anzutreffen, die auch sonnige Stellen

Blindschleiche

aufweisen. Sie ist gleichmäßig über die gesamte Sächsische Schweiz verbreitet, meidet aber die größeren Ackergebiete.

Die einzeln lebenden Tiere ruhen am Tag meist unter Steinen, am Boden im Gras oder in Erdlöchern. Sie ernähren sich von Würmern und Schnecken und allerlei Kleingetier.

Die Überwinterung, oft gemeinsam in größerer Anzahl, erfolgt meist in Erdhöhlen, die sie im April bei wärmerer Witterung wieder verlassen.

Blindschleichen sind nicht blind, ihr Name kommt möglicherweise von „blendender Schleiche", was auf den hohen Glanz ihrer Schuppen Bezug nimmt.

Eine imposante Erscheinung ist die 18 bis 22 cm große **Zauneidechse** (*Lacerta agilis*), die einen braunen Rückenstreifen hat, der an seinem Rand von einer Reihe weißer, schwarzumrandeter Punkte gesäumt ist. Die Männchen sind zur Paarungszeit im Frühjahr an beiden Seiten und am Kopf gelbgrün gefärbt.

Die Zauneidechse ist deutlich wärmeliebender als die nachfolgend beschriebene Waldeidechse und besiedelt gern sonnenexponierte Hänge, Böschungen, Feldraine und Waldränder.

Ihre Vorkommen sind über die gesamte Sächsische Schweiz verstreut, wobei sie auch in Biotopen im Inneren von größeren Waldgebieten vorkommt, wie an den wärmeren Oberhängen unter den Rabensteinen und in der Kirnitzschklamm. Auch die Täler im Granitbereich, wie das Sebnitz- und Polenztal, werden an geeigneten Stellen von der Zauneidechse bewohnt.

Eine Häufung der Vorkommen findet sich jedoch in der Vorderen Sächsischen Schweiz und im Elbtal, wo sich in Sandhaufen gelegentlich Gelege der Zauneidechse fanden. Auch vollkommen morsche, schon zerfallende Baumstubben sind als Gelegeorte bekannt.

Männliche Zauneidechse im Elbtal

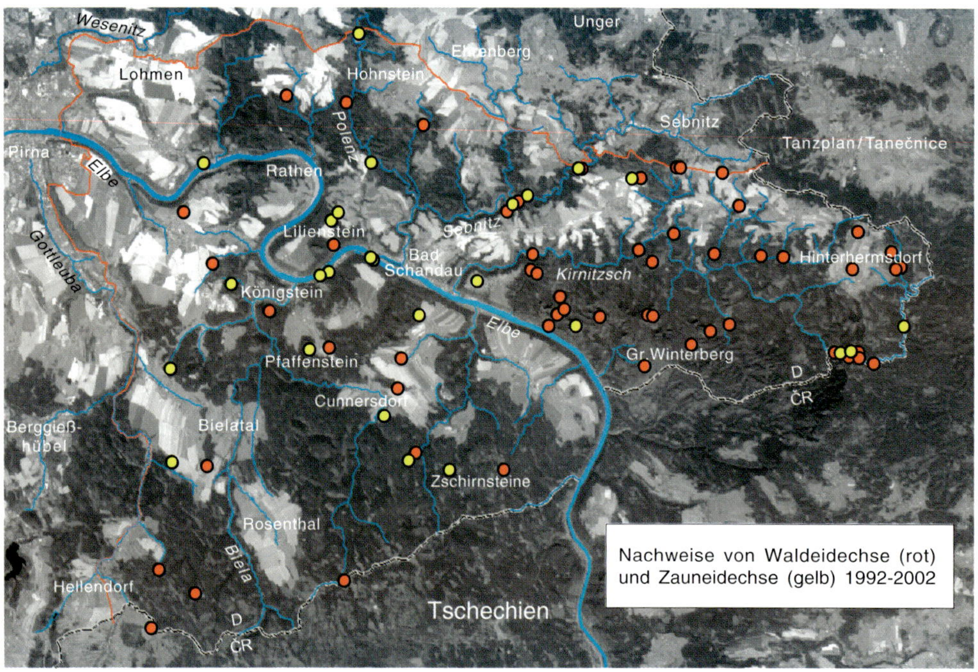

Nachweise von Waldeidechse (rot) und Zauneidechse (gelb) 1992-2002

Die bei uns lebendgebärende, nur 14 bis 16 cm große **Waldeidechse** (*Lacerta vivipara*), früher auch Bergeidechse genannt, hat auf dem Rücken ein braunes, mit weißen Punkten eingefaßtes Band, in dem sich längliche schwarze Punkte befinden. An der Seite hat sie schwarze Streifen.

Bei uns ist sie keine seltene Erscheinung und kommt besonders in den großen Waldgebieten der Hinteren und linkselbischen Sächsischen Schweiz mit großer Regelmäßigkeit vor. Aber auch im etwas wärmeren vorderen Teil des Elbsandsteingebirges gibt es mehrere Beobachtungen der kleinen Eidechsenart, so zum Beispiel in Struppen, an der

Sellnitz am Lilienstein oder in Rathewalde, wo sie von D. Graf schon am 29. Januar 2002 beim Sonnen beobachtet wurde. Auffällig ist, daß die Waldeidechse das warme Elbtal meidet und hier durch die Zauneidechse ersetzt wird.

Als Lebensräume bevorzugt die Waldeidechse lichte Wälder, aber auch Wiesen, Heideflächen und Schonungen mit einem hohen Deckungsgrad der Vegetation und einem etwas kühleren Klima. Dabei ist anzumerken, daß sie ein hohes Anpassungsvermögen hat und in ganz unterschiedlichen Biotoptypen vorkommen kann, ebenso ist ihre ausgesprochene Kältetoleranz erstaunlich. Als Nahrung dienen der Waldeidechse überwiegend Insekten und Spinnen.

Die Verbreitungsgebiete beider Eidechsenarten überschneiden sich bei uns nicht selten, wobei von der Waldeidechse fast doppelt so viele Nachweise wie von der Zauneidechse im gleichen Zeitraum erbracht wurden. Aber auch inmitten der Felsreviere, so an sonnig-warmen Stellen der Affen- und Schrammsteine, kann man die Waldeidechse antreffen.

Waldeidechse

Die der Kreuzotter ähnliche Glattnatter hat eine runde Pupille.

Eine seltene Schlangenart in der Sächsischen Schweiz ist die **Glattnatter** (*Coronella austriaca*), die auch als Schlingnatter, Haselnatter oder Kupfernatter bezeichnet wird. Ihre braune Rückenzeichnung hat bei flüchtiger Betrachtung eine große Ähnlichkeit mit der der Kreuzotter, weshalb sie häufig mit dieser verwechselt wird. Aber anders als die senkrecht stehende Pupille des feurigen Auges der Kreuzotter hat die Glattnatter eine runde Pupille und somit nicht den „bösen Blick".

Um 1960 kam sie noch auf den Partschenhörnern vor. In den letzten zehn Jahren gelangen in der Sächsischen Schweiz fast 30 Nachweise dieser Art, die meisten von ihnen im Elbtal. Aber auch im Krippenbachtal, Sebnitztal und in der Herrenleite ist die Glattnatter festgestellt worden.

Seltsamerweise ist die Art von Förster (1938) nie beobachtet worden. Hingegen kennt März (1957) sie bereits an ihren typischen Lebensräumen im Sebnitz- und Polenztal, in der Herrenleite, bei Zeichen und Rathewalde. Auch STIEHLER (1911) kannte die Glattnatter, von ihm Zornnatter genannt, deren erstaunliche Kletterfähigkeit er beschreibt.

Die heimliche und wärmeliebende Art lebt vorwiegend in trockenen und warmen Lebensräumen, in den verheideten Kiefern- und Birkenwäldern der Felsreviere und in stillgelegten Steinbrüchen, an Waldrändern und Lichtungen, aber auch in den südlich exponierten Trockenmauern des Elbtales, an Bahndämmen und ähnlich sonnenbeschienenen Biotopen. Die Schlingnatter lebt vorwiegend von Eidechsen und Blindschleichen, die sie schnell umschlingt, erwürgt und dann verzehrt.

Am häufigsten und wohl auch am bekanntesten ist die **Ringelnatter** (*Natrix natrix*), deren Bestand in den letzten Jahren erfreulicherweise etwas angestiegen ist. Die Weibchen werden im allgemeinen nicht länger als einen Meter, die Männchen sind etwas kleiner.

Ringelnattern sind bläulich bis grünlichgrau gefärbt, das Männchen hat hinter dem Kopf zwei große weiße, das Weibchen zwei intensiv gelbe Flecken.

Die Ringelnatter besiedelt ein breites Spektrum offener und halboffener Lebensräume, meistens entlang von Fließgewässern oder aber an Teichen und Weihern. In der Sächsischen Schweiz ist sie mit Ausnahme der Felsgebiete gleichmäßig über das gesamte Gebiet verbreitet. Wichtig ist, daß neben einem geeigneten Jagdrevier, einer Überwinterungsmöglichkeit in nicht allzu großer Entfernung und Eiablageplätzen, auch genügend Sonnenplätze und Tagesverstecke, wie Hohlräume unter Steinen, Laub- und Schilfhaufen, vorhanden sind.

Die Ringelnatter ernährt sich vor allem von Fröschen, daneben spielen Fische, Eidechsen und Mäuse als Nahrungsbestandteile eine Rolle.

Die Paarungen der Ringelnattern finden meist Ende April statt, Ende Juni bis Anfang August legt das Weibchen dann 10-30 Eier in alte Kompost- oder Strohhaufen, wo sie durch Gärungswärme ausgebrütet werden. Die Entwicklungszeit kann je nach Temperatur vier bis zehn Wochen dauern. Bei Gefahr nimmt die Ringelnatter eine Drohhaltung ein und warnt den Angreifer durch Zischen. Zusätzlich kann sie zur Abwehr eine übelriechende Flüssigkeit aus den Analdrüsen entleeren. Hält die Bedrohung an, stellen sich manche Tiere auch tot.

Die Ringelnatter

In seiner Beschreibung erwähnt GÖTZINGER 1812 den Teich am Zeughaus: „..., **in welchem sich große Wasserschlangen aufhielten, die aber nun ganz vertilgt sind.**" Wahrscheinlich handelte es sich bei dieser Beschreibung um die schwimmfähige Ringelnatter.

Als einzige Giftschlange kommt in der Sächsischen Schweiz die **Kreuzotter** (*Vipera berus*) vor. Sie ist die Schlangenart mit der nördlichsten, bis zum Polarkreis reichenden Verbreitung und gilt in Mitteleuropa als ein nordisches (boreales) Faunenelement.

Die Kreuzotter wird heute – obwohl sie nur noch selten direkt verfolgt und getötet wird – durch anhaltende Lebensraumzerstörung eine immer seltenere Erscheinung. So stellt z. B. die Aufforstung von Waldlichtungen, das Verschwinden von immer mehr Schonungen sowie die Fragmentierung von Waldrändern eine Hauptgefährdung für die Art dar.

Die Weibchen werden bei uns bis zu 80 cm lang, die Männchen sind etwas kleiner. In ihrer Färbung und Zeichnung variieren Kreuzottern sehr stark, wir finden in der Sächsischen Schweiz viele verschiedene Färbungen, von ganz schwarz über braun bis hellgrau. Häufig aber sind die Männchen grau mit schwarzem Zickzackband und die Weibchen braun mit dunkelbrauner Zeichnung. Es gibt auch völlig einfarbige Tiere, bei denen das charakteristische Zickzackband fehlt. Neben diesen „Kupferottern" sind auch vollkommen schwarze Kreuzottern in der Sächsischen Schweiz nicht selten, sie machen etwa 14 % des Gesamtbestandes aus.

Typisches Kreuzotterweibchen an einer Schneise am Rauschenstein

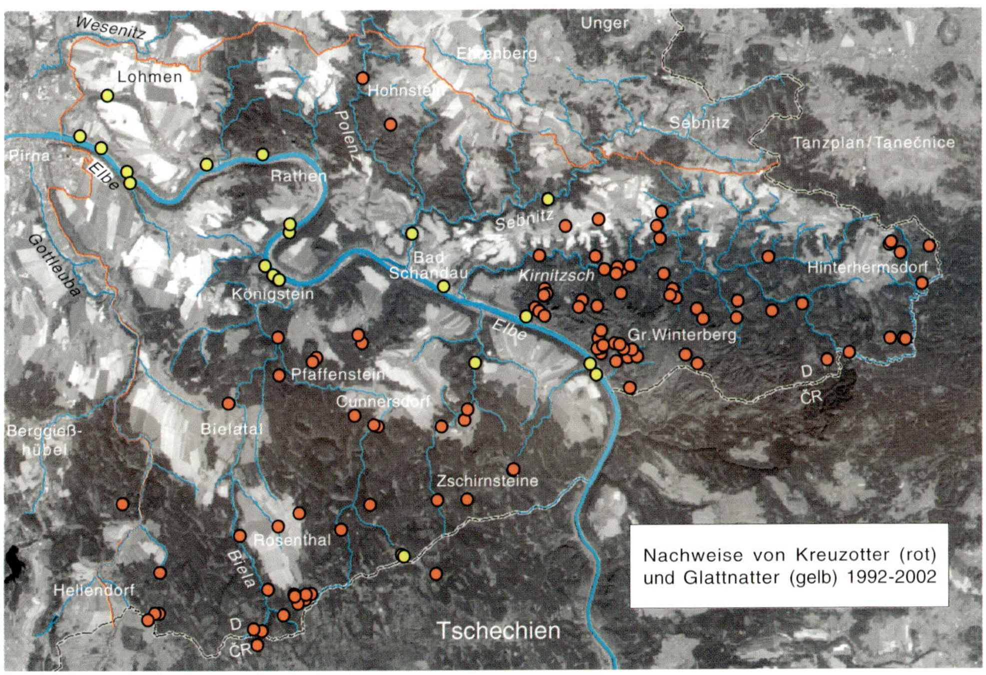

Da sich diese Tiere schneller erwärmen, hat die schwarze Färbung besonders bei den Weibchen, bei denen sie auch häufiger beobachtet wurde, deutliche Vorteile. Die Tiere können länger aktiv sein und damit mehr Beute machen, was einen Wachstumsvorteil zur Folge hat. Die größeren Tiere können dadurch mehr Nachkommen zeugen.

Besonders die durch die Partnersuche aktiveren Männchen sind aber infolge der verminderten Tarnung einem erhöhten Feinddruck ausgesetzt (Thiesmeier et al. 2002). Die Schwarzfärbung tritt also vorwiegend in strukturell schlechter ausgestatteten Lebensräumen mit hoher Sonneneinstrahlung auf.

Die Kreuzotter bewohnt in der Sächsischen Schweiz ein breites Spektrum von trockenen und feuchten, meist offenen Lebensräumen in der Hinteren und linkselbischen Sächsischen Schweiz.

In der Vorderen Sächsischen Schweiz und im Elbtal fehlt sie weitestgehend oder lebt nur vereinzelt in kleinen Populationen. Sie ist eng an Nadelwaldungen mit offenen Kleinhabitaten wie Schneisen, Waldwiesen, Lichtungen und Moore gebunden.

Erwachsene Kreuzottern ernähren sich vor allem von Eidechsen, Fröschen und Mäusen. Der Nahrungsbedarf eines Tieres ist gering. So frißt eine ausgewachsene Kreuzotter im Laufe eines Jahres nur etwa zehn bis 15 Mäuse.

Die Paarungen der Kreuzottern finden meist an warmen Tagen von Ende April bis Ende Mai statt, wobei ein intensives Frühjahrs-Sonnenbad bei den Männchen Vorraussetzung für die Samenentwicklung ist. Die durchschnittliche Trächtigkeit schwankt bei uns je nach Witterungsverlauf des Sommers zwischen 2,5 bis 4 Monaten. Im späten Sommer legt das Weibchen dann 10 bis 20 „Eier“ ab, in denen die fertigen Jungtiere in einer schleimigen durchsichtigen Hülle enthalten sind. Nur wenige Sekunden nach dem Geburtsvorgang durchstoßen die Jungtiere die Eihüllen und schon nach einigen Stunden erfolgt eine erste Häutung. Die durchschnittliche Anzahl der Jungtiere pro Wurf liegt zwischen sieben und zehn. Die Weibchen nehmen in der Regel nur aller zwei Jahren an der Fortpflanzung teil.

Gefahr und Störungen entziehen sich Kreuzottern in der Regel durch Flucht, ist dies nicht mehr möglich, nimmt das Tier eine Drohhaltung ein, wobei die vordere Körperhälfte S-förmig zurückgebogen wird, um möglichst schnell zustoßen zu können. Dabei werden deutlich hörbare Zischlaute abgegeben. Kommt es wirklich zum Biß durch eine Kreuzotter, so wird dieser meist schmerzhaft empfunden, etwa wie ein Wespenstich, und stellt eine ernste Verletzung dar.

Jedoch wurde bei Untersuchungen zu Unfällen durch Kreuzotterbisse, die sich in Sachsen zwischen 1955 – 1975 ereignet haben, kein einziger Todesfall festgestellt. Das Alter von Kreuzottern wird auf 15 Jahre und mehr geschätzt, gesicherte Angaben liegen aber nur bis zu zwölf Jahren vor.

Kreuzottern können in verschiedenen Farbvariationen auftreten. Diese Aufnahme zeigt eine einfarbige Kreuzotter.

Fische und Krebse

Die Fließgewässer der Sächsischen Schweiz unterteilen sich ökologisch im wesentlichen in die Elbe und ihre Nebengewässer.

Die Elbe als größeres Flußsystem ist durch langsam fließendes Wasser mit größerer Eintrübung und durch eine höhere Wassertemperatur gekennzeichnet.

Ganz anders die Nebenbäche der Elbe, die überwiegend der Forellen- und Äschenregion angehören und infolge des schnellfließenden kühlen und klaren Baches eine niedrige Wassertemperatur sowie eine hohe Sauerstoffsättigung aufweisen. Dies sind typische Merkmale eines winterkalten und sommerkühlen Mittelgebirgsbaches. Dem entsprechend unterschiedlich ist auch die Fischfauna. Eine hohe durchschnittliche Fließgewässerdichte von 0,95 - 1,70 km / km^2 unterstreicht die Bedeutung, welche die Fließgewässer für die Landschaft der Sächsischen Schweiz haben, zumal diese arm an Standgewässern ist. Die Länge des bedeutsamen Fließgewässernetzes beträgt ca. 280 km, davon 34 km Elbelauf.

Noch vor zweihundert Jahren hatten die Gewässer eine große Bedeutung für die Fischerei. Die Polenz und die Sebnitz gehörten einmal zu den besten Fischgewässern Sachsens. Der Lachsbach war 1890 der einzige Bach, den der Lachs noch regelmäßig zum Laichen aufsuchte. Bedingt durch die Gewässerverunreinigungen der Elbe und ihrer Nebenbäche im zwanzigsten Jahrhundert, besonders seit den fünfziger Jahren, erfuhr die Fischfauna eine enorme negative Beeinträchtigung.

Erfreulich ist, daß der Fischfauna der Sächsischen Schweiz in den letzten Jahren eine erhöhte Aufmerksamkeit zuteil wurde, was sich auch in einer intensiveren wissenschaftlichen Bearbeitung niederschlug. Dennoch fehlt bisher eine systematische Betrachtung, und so ist der Kenntnisstand noch nicht ausreichend und beschränkt sich auf wenige Einzelarbeiten sowie die Erhebungen, die bei den Abfischungen in den letzten Jahren getätigt wurden. Insgesamt konnten in der Sächsischen Schweiz in den letzten zehn Jahren immerhin 41 Fischarten, davon 34 einheimische, nachgewiesen werden, was eine beträchtliche Artenzahl darstellt.

Die Elbe hat in der Sächsischen Schweiz von der tschechischen Grenze bis Pirna eine Lauflänge von 34 km. Dabei hat sie eine durchschnittliche Breite von etwa hundert Metern, woraus eine beträchtliche Wasserfläche resultiert.

Ihr Artenreichtum macht sie zu einem überaus bedeutsamen Gewässer für die Fischfauna, werden doch von den nachgewiesenen 41 Fischarten und Rundmäuler der Sächsischen Schweiz auch 35 in der Elbe festgestellt. Darunter befinden sich viele gefährdete, aber auch vom Aussterben bedrohte Fischarten.

Häufig sind in der Elbe unter anderem anzutreffen:

- **Plötze** (*Rutilus rutilus*),
- **Blei** (*Abramis brama*),
- **Flußbarsch** (*Perca fluviatilis*) und
- **Zander** (*Stizostedion lucioperca*).

Etwas seltener sind:

- **Hecht** (*Esox lucius*),
- **Flußaal** (*Anguilla anguilla*),
- **Karausche** (*Carassius carassius*),
- **Schleie** (*Tinca tinca*),
- **Hasel** (*Leuciscus leuciscus*),
- **Rotfeder** (*Scardinius erythrophthalmus*),
- **Moderlieschen** (*Leucaspius delineatus*),
- **Dreistachliger Stichling** (*Gasterosteus aculeatus*),
- **Güster** (*Blicca björkna*) und
- **Ukelei** (*Alburnus alburnus*).

Zu den seltenen Arten zählen:

- **Karpfen** (*Cyprinus carpio*),
- **Barbe** (*Barbus barbus*),
- **Aland** (*Leuciscus idus*),
- **Döbel** (*Leuciscus cephalus*),
- **Nase** (*Chondrostoma nasus*),

- **Zährte** (*Vimba vimba*),
- **Quappe** (*Lota lota*),
- **Zope** (*Abramis ballerus*),
- **Rapfen** (*Aspius aspius*)
- **Weißflossengründling** (*Gobio albipinnatus*) und
- **Kaulbarsch** (*Gymnocephalus cernus*).

Von den nichteinheimischen Arten leben der nordamerikanische **Zwergwels** (*Ictalurus nebulosus*), der **Marmorkarpfen** (*Hypophtalmichthys nobilis*), die **Peledmaräne** (*Coregonus peled*), die **Große Schwebrenke** (*Coregonus lavaretus*) und der **Giebel** (*Carassius auratus gibelio*) in der Elbe. Aber auch eine Reihe von Fischen der Forellen- und Äschenregion wurden in der Elbe festgestellt.

Nun auch wieder heimisch: der Atlantische Lachs, hier 2002 die ersten Wiederkehrer an der Kamnitz/Kamenice

Von den Knochenfischen war der **Stör** (*Acipenser sturio*) früher in der Elbe eine regelmäßige Erscheinung. Er konnte auch in der Elbe eine Länge von 3 m und ein Gewicht bis zu 200 kg erreichen. Doch schon um die Jahrhundertwende war er äußerst selten. Aus den letzten Jahrzehnten liegen keine Nachweise vor. Den letzten Stör sichtete man 1933 in Aussig/Ústí nad Labem. Ebenso wurden die noch von FÖRSTER (1938) angegebenen Arten **Flußneunauge** (*Lampetra fluviatilis*), **Schlammpeitzger** (*Misgurnus fossilis*) und **Schneider** (*Alburnoides bipunctatus*) in den letzten Jahren nicht mehr bestätigt, ebenso der **Steinbeißer** (*Cobitis taenia*).

Die rechtselbischen Nebenbäche Polenz, Sebnitz, Lachsbach und Kirnitzsch beherbergen eine sehr artenreiche Fischfauna, hingegen sind die linkselbischen Bäche Krippenbach, Biela, Gottleuba, Bahra und Loschebach deutlich artenärmer.

Von den Rundmäulern kommt das im Schlamm und in Laubresten der Bäche lebende **Bachneunauge** (*Lampetra planeri*) nur in den klaren und sauerstoffreichen Nebenbächen der Elbe wieder regelmäßig vor. Es wurde in letzter Zeit in Kirnitzsch, Polenz, Sebnitz und Schwarzbach nachgewiesen.

Bis vor etwa hundert Jahren war der **Atlantische Lachs** (*Salmo salar*) in der Sächsischen Schweiz eine der Charakterarten und hatte auch große fischereiwirtschaftliche Bedeutung. Infolge von industrieller Gewässerverunreinigung und Flußausbau nahm jedoch sein Bestand schon zu Ende des 19. Jahrhunderts gravierend ab. Um dem entgegenzuwirken, errichtete man 1885 bei Prossen eine „Erste Sächsische Lachsbrutanstalt", die jedoch bald, aus Mangel an Laichfischen, wieder aufgegeben wurde. Schließlich wurde 1930 am Porschdorfer Wehr der letzte Lachs, ein 1,20 m großer Kupferlachs gefangen. In anderen Gewässern, wie der Kirnitzsch, war der Lachs schon längere Zeit verschwunden.

Als sich nach 1989 die Gewässergüte der Elbe schnell wieder verbesserte, wurde über die Elbe-Fischerei auf einer länderübergreifenden, behördlichen Ebene neu nachgedacht. Danach begann 1994 die Sächsische Landesanstalt für Landwirtschaft, vertreten durch das Referat Fischerei, mit der Planung und Umsetzung eines Projektes zur Wiederansiedlung des Atlantischen Lachses am Oberlauf der Elbe in Sachsen. Zum selben Zeitpunkt war die Wasserqualität der Elbe wieder so gut, daß sie von Lachsen als Wanderweg genutzt werden konnte. Die überwiegend naturnahen Bäche Lachsbach, Polenz, Sebnitz und Kirnitzsch wurden als geeignete Gewässer zur Wiedereinbürgerung des Lachses ausgewählt, zumal sie auch gute reproduzierende Bachforellenbestände aufwiesen. In den Flutrinnen der Forellenzuchtanlage Langburkersdorf wurden schließlich 1994 die ersten Lachseier aus dem westschwedischen Fluß Lagan zur Ausbrütung aufgelegt.

Im April 1995 kamen die ersten Lachsbrütlinge im feierlichen Rahmen an der Maimühle bei Hohnstein in die Polenz. Seitdem werden jährlich etwa 200.000 bis 350.000 Lachsbrütlinge in der Polenz, der Sebnitz und der Kirnitzsch ausgesetzt. In den Sommermonaten bestätigten durchgeführte Kontrollbefischungen das gute Wachstum der Junglachse. Im Frühjahr 1996 wanderten die ersten Smolts, so werden die silbrig gefärbten Junglachse bezeichnet, ab, um über den 650 km langen Elbelauf und den Atlantik ihren Lebensraum vor der Küste Grönlands zu erreichen.

Nach der bangen Frage der Rückkehr nach frühestens drei Jahren, wurde am 26. Oktober 1998 nach 68 Jahren der erste Lachs am Rathmannsdorfer Wehr gefangen. Dies war ein erster großer Erfolg des Sächsischen Lachsprojektes. Nach den 27 zurückgekehrten Lachsen von 1998 waren es 1999 bereits 76 Tiere und 2000 schon 113. Die Durchschnittsgröße der Fische betrug über 70 cm bei 3 kg Gewicht, jedoch erreichten einzelne Tiere knapp einen Meter und wogen fast 7 kg.

In der Folgezeit wurden im Lachsbach geschlagene Laichgruben festgestellt, so daß eine selbstständige Reproduktion gewährleistet ist. Eine neue Fischaufstiegsanlage zur Überwindung des Rathmannsdorfer Wehres wurde im Herbst 2000 eingeweiht, so daß die Lachse nun selbstständig ihre Laichgründe erreichen können. Im Herbst des Jahres 2001 wurde der bislang größte Lachs mit 97 cm und 8,3 kg Gewicht festgestellt.

Der erfolgreiche Verlauf des Wiedereinbürgerungsprogramms für den Atlantischen Lachs zeigt, daß es sich lohnt, bei wieder vorhandenen Lebensräumen auch bereits ausgestorbenen Tierarten eine Lebenschance in unserer heimatlichen Kulturlandschaft zu geben. Dabei verkörpert besonders der Lachs, wie vielleicht keine andere Fischart das Bewußtsein von sauberen und intakten Fließgewässern.

Im Dezember 2001 wurde in der Kirnitzsch und wenige Zeit später erneut im Lachsbach als eine große Sensation die in Sachsen ausgestorbene **Meerforelle** (*Salmo trutta* f. *trutta*) gefangen. Dabei handelte es sich um ein Weibchen von 62 cm Länge und 2,5 kg Gewicht. Das letzte Exemplar im Elbsandsteingebirge war 1923 bei Děčín / Tetschen gefangen worden. In Sachsen wurde sie 1903 als sehr vereinzelter Wanderfisch in der Elbe beschrieben.

Als derzeit bedeutsamster, in allen sauberen Gebirgsbächen lebender Fisch ist die **Bachforelle** (*Salmo trutta* f. *fario*) zu nennen. Sie kommt in der Kirnitzsch, Sebnitz, Polenz, Krippenbach, Biela und Gottleuba (Bahra) vor. Die Art pflanzt sich in den klaren Gewässern der Sächsischen Schweiz selbst fort.

Der Charakterfisch unserer Bäche, die Bachforelle

Weiterhin nutzen die sauerstoffreichen Bergbäche in der Sächsischen Schweiz:
• **Äsche** (*Thymallus thymallus*),
• **Flußaal** (*Anguilla anguilla*),
• **Gründling** (*Gobio gobio*),
• **Elritze** (*Phoxinus phoxinus*),
• **Schmerle** (*Barbatula barbatula*) und die nicht seltene
• **Westgroppe** (*Cottus gobio*), die am Grunde des Baches unter Steinen lebt.

Als Folge menschlicher Bewirtschaftung sind an diesen Bächen auch **Regenbogenforelle** (*Oncorhynchus mykiss*), **Bachsaibling** (*Salvelinus fontinalis*), **Schleie** (*Tinca tinca*), **Plötze** (*Rutilus rutilus*) und **Flußbarsch** (*Perca fluviatilis*) nachgewiesen.

Die Groppe, ein Reliktfisch, den man selten zu Gesicht bekommt.

Von den Krebsarten ist wohl der aus Nordamerika stammende **Kamberkrebs** (*Orconectes limosus*) die häufigste Art. Er kommt sowohl in der Elbe als auch in einigen Nebenbächen vor.

Die Art wurde 1890 im unteren Odergebiet eingebürgert und hat sich seitdem in vielen Gewässern ausgebreitet.

Reste einer Chinesischen Wollhandkrabbe an der Elbe

Der **Edelkrebs** (*Astacus astacus*), die einzige natürlich vorkommende Art in Sachsen, hat in längst vergangener Zeit wohl alle für ihn geeigneten Gewässer besiedelt und war eine allgemeine Erscheinung. Durch die sich im 19. Jahrhundert ausbreitende Krebspest ist die Art dramatisch zurückgegangen. Dieser Rückgang setzte sich auch in den letzten Jahren fort, so daß der Edelkrebs heute zu den vom Aussterben bedrohten Tierarten gehört. Er besitzt nur noch einige isolierte Vorkommen, so an der Kirnitzsch, an der oberen Sebnitz, am Schwarzbach und am Lachsbach.

Die **Chinesische Wollhandkrabbe** (*Eriocheir sinensis*) besiedelt die Elbe bis in die Sächsische Schweiz, wie mehrere Funde von 1994 bei Bad Schandau belegen. Die Art wurde Anfang des 20. Jahrhunderts vermutlich im Ballastwasser der Schiffe verschleppt und 1912 erstmals in der Aller (Niedersachsen) festgestellt. Die ersten Nachweise in Sachsen gelangen 1930 bei Strehla, 1931 in Meißen und in der Sächsischen Schweiz zwischen Pirna und Bad Schandau.

Anhang – Weitere Vogelarten

Taucher und Kormoran

Sterntaucher	(*Gavia stellata*)	unregelmäßig an der Elbe oder auf der Kiesgrube Pratzschwitz, dann höchstens zwei gleichzeitig
Gelbschnabel-Eistaucher	(*Gavia adamsii*)	im Dezember 2002 auf der Kiesgrube Pratzschwitz als große Besonderheit gesichtet
Rothalstaucher	(*Podiceps grisegena*)	unregelmäßige Durchzügler und seltene Wintergäste
Ohrentaucher	(*Podiceps auritus*)	
Schwarzhalstaucher	(*Podiceps nigricollis*)	

Schreitvögel

Große Rohrdommel	(*Botaurus stellaris*)	sehr selten; nur ein Nachweis von Ende März 1987 am Birkwitzer Graben	
Zwergrohrdommel	(*Ixobrychus minutus*)	soll nach SCHWENKE bei günstigem Wasserstand bis Ende der 1960er Jahre im Birkwitzer Graben gebrütet haben; von G. HOFFMANN existieren Fotos von Bruten in den Copitzer Sandgruben bis in 1950er Jahre; Beobachtungen je eines Männchens am Birkwitzer Graben im Mai 1979 und 1986	
Nachtreiher	(*Nycticorax nycticorax*)	zwei Beobachtungen	Alle vier Arten sind sehr seltene Besucher der Feuchtgebiete im unteren Elberaum und haben ihre Brutgebiete deutlich südlicher, so in Ungarn, der Slowakei und in Südböhmen.
Purpurreiher	(*Ardea purpurea*)	nur eine Beobachtung	
Rallenreiher	(*Ardeola ralloides*)	nur eine Beobachtung	
Seidenreiher	(*Egretta garzetta*)	zwei Feststellungen	

Wasservögel

Streifengans	(*Anser indicus*)	ein, seltener zwei Exemplar(e) halten sich unter den Graugänsen an der Elbe bei Pirna seit Jahren auf, sehr sicher aus Gefangenschaft entwichen
Nilgans	(*Alopochen aegyptiacus*)	im April und Mai 2000 auf der Kiesgrube festgestellt; aus Afrika stammend
Kanadagans	(*Branta canadensis*)	von Mitte Januar bis Anfang März 1979 hielten sich an der Elbe bei Pirna acht auf (ein Tier in Schweden beringt); zwei Beobachtungen im Nov. 1991 und Oktober 1996 am gleichen Ort
Nonnengans	(*Branta leucopsis*)	Ende Dez. 1995 vier Vögel bei Krippen; ein Tier Anfang März 1999 an der Elbe bei Copitz
Brandgans	(*Tadorna tadorna*)	sehr seltener Durchzügler; in den Jahren 1976, 1989, 1992 und 2000 bei Pirna nachgewiesen
Bergente	(*Aythya marila*)	nur unregelmäßig an der Elbe und auf der Kiesgrube Pratzschwitz, überwiegend einzelne Vögel
Kolbenente	(*Netta rufina*)	Nachweise einzelner Weibchen aus den Jahren 1964, 1972, 1973, 1976, 1986, 1992, die eines Männchens bei Bad Schandau 1966, die eines Pärchens im Februar 1999 bei Rathen und Anfang März 2000 drei Männchen und ein Weibchen auf der Kiesgrube Pratzschwitz
Moorente	(*Aythya nyroca*)	nur einmal Anfang April 1965 bei Pratzschwitz gesichtet; in Deutschland äußerst selten
Eiderente	(*Somateria mollissima*)	einzelne Nachweise aus den Wintermonaten; Elbe und Pratzschwitzer Kiesgrube
Eisente	(*Clangula hyemalis*)	
Trauerente	(*Melanitta nigra*)	
Samtente	(*Melanitta fusca*)	

Greifvögel

Rotfußfalke	(*Falco vespertinus*)	ausgesprochen seltener Durchzügler, gesicherte Beobachtung eines Weibchens bei Hinterhermsdorf am 6.5.2000, Erstnachweis dieser Art; nicht ganz zweifelsfreie Sichtung je eines Männchens im August 1968 über Sebnitz und Ende März 1990 über den Partschenhörnern
Merlin	(*Falco columbarius*)	wenige Feststellungen, überwiegend Männchen; im Dez. 1981 bei Königstein, im Oktober 1993 bei Sebnitz, im Oktober 1993 bei Bahratal sowie zwei im Okt. 1995 bei Hinterhermsdorf; weibchenfarbiger Merlin am 10.10.1986 bei Struppen und am 20.11.2001 bei Sebnitz

Rallen, Kranich und Großtrappe

Wasserralle	(*Rallus aquaticus*)	gelegentlicher Brutvogel am Birkwitzer Graben, 1991 ein Weibchen mit ein oder zwei Jungvögeln
Tüpfelralle	(*Porzana porzana*)	äußerst selten; nur zwei Nachweise vom Birkwitzer Graben; sicher durchziehende Vögel
Kleine Ralle	(*Porzana parva*)	äußerst selten; nur zwei Nachweise vom Birkwitzer Graben; sicher durchziehende Vögel
Kranich	(*Grus grus*)	berührt das Gebiet nur recht selten, bei weitem nicht in jedem Jahr, auf dem Durchzug und wird dann vor allem im Herbst beobachtet; überwiegend handelt es sich dabei um Einzelvögel oder kleinere Gruppen; es existieren aber auch Beobachtungen von ca. 150 Exemplaren am 9.11.1976 bei Doberzeit und 100 Vögeln am 20.11.1988 über Copitz
Großtrappe	(*Otis tarda*)	in Deutschland sehr selten und nur noch im Nordosten beheimatet; eigentlich Bewohner offener Steppenlandschaften; Totfund vom 17.3.1979 auf einer Wiese bei Pratzschwitz

Watvögel

Austernfischer	(*Haematopus ostralegus*)	bisher nur im Jahre 1981 zweimal bei Pratzschwitz beobachtet
Sandregenpfeifer	(*Charadrius hiaticula*)	lange Zeit existierte nur eine Beobachtung von sieben Vögeln Ende Mai 1975 auf dem Flugplatz Copitz; einige neuere Beobachtungen von den Pratzschwitzer Kiesgruben vom Frühjahrs- und Herbstzug der Jahre 1998 und 1999
Goldregenpfeifer	(*Pluvialis apricaria*)	nur recht selten auf dem Durchzug beobachtet; ältere Beobachtungen vom März 1964, September 1967 und März 1984; im Frühjahr 2001 kam es durch Wintereinbrüche zum Stau im Zuggeschehen bei verschiedenen Arten, so auch beim Goldregenpfeifer; als bisher höchste Anzahl wurden Ende März 2001 etwa 160 Vögel bei Struppen festgestellt; sofort tauchte die Art auch als Beute beim Wanderfalken im Bielatal und in den Schrammsteinen auf
Kiebitzregenpfeifer	(*Pluvialis squatarola*)	erst dreimal im September 1967, 1971 und 1982 bei Pratzschwitz gesichtet
Alpenstrandläufer	(*Calidris alpina*)	unregelmäßiger Durchzügler, nicht in jedem Jahr, vor allem an der Elbe festgestellt
Sichelstrandläufer	(*Calidris ferruginea*)	nur eine Beobachtung von Ende August 2001 an einem temporären Tümpel in der Feldflur nördlich Dorf Wehlen
Zwergstrandläufer	(*Calidris minuta*)	Ausnahmeerscheinung; nur bei Pratzschwitz; gesichtet im August 1981 und im Mai 1983
Temminckstrandläufer	(*Calidris temminckii*)	Ausnahmeerscheinung; nur bei Pratzschwitz; eine Beobachtung von Ende Mai 1980
Kampfläufer	(*Philomachus pugnax*)	regelmäßig auf dem Durchzug, vor allem im April und Mai sowie im August, an der Elbe sowie an Tümpeln in der übersichtlichen Feldflur angetroffen, aber wohl nicht in jedem Jahr bemerkt
Zwergschnepfe	(*Lymnocryptes minimus*)	nur ein Todfund von Ende Januar 1982 in der Kiesgrube Pratzschwitz, der den Durchzug oder die Überwinterung dieser sehr heimlichen Art belegt
Doppelschnepfe	(*Gallinago media*)	Todfund unter einer Hochspannungsleitung im Tännicht im Mai 1981 beim Durchzug
Uferschnepfe	(*Limosa limosa*)	wenige Nachweise bekannt; einzelne Tiere wurden bei Pratzschwitz im April 1964, August 1973, Ende März 1981, April 1993 und März 1996 gesichtet
Pfuhlschnepfe	(*Limosa lapponica*)	nordische Art; nur als Beute des Wanderfalken (MÄRZ 1957)
Großer Brachvogel	(*Numenius arquata*)	berührt das Gebiet nur unregelmäßig auf dem Durchzug, wurde aber an verschiedenen Stellen beobachtet; der größte Trupp bestand aus etwa 30 Vögeln, die im August 1987 über Goes westwärts zogen
Dunkler Wasserläufer	(*Tringa erythropus*)	einige ältere Nachweise; einzelne Tiere im Mai 1969 und 1975 bei Birkwitz und im August 1975 auf dem Flugplatz Copitz beobachtet, wo Anfang Juli 1975 drei Exemplare gesehen wurden; im August 2001 hielten sich acht Vertreter dieser Art unter anderen Limicolen an einer recht großen Pfütze in der Feldflur nördlich von Wehlen auf
Rotschenkel	(*Tringa totanus*)	Mai 1975 Brutversuch an einem Tümpel auf dem Flugplatz Copitz; unregelmäßiger Durchzügler
Teichwasserläufer	(*Tringa stagnatilis*)	bisher nur einmal im August 1978 an den Elblachen bei Pratzschwitz beobachtet
Grünschenkel	(*Tringa nebularia*)	berührt unsere Landschaft nur unregelmäßig auf dem Durchzug; beobachtet an der Elbe, am Birkwitzer Graben, an der Kiesgrube Pratzschwitz und auf dem Flugplatz Copitz

Steinwälzer	*(Arenaria interpres)*	erstmals im August 1996 in der Kiesgrube festgestellt; der zweite Nachweis der Art gelang im September 1998 im gleichen Gebiet
Odinshühnchen	*(Phalaropus lobatus)*	zwei Nachweise; im Mai 1983 an der Kiesgrube Pratzschwitz; im August 2001 ein Vogel unter anderen Arten an einer temporären Wasserstelle in der Feldflur nördlich von Dorf Wehlen

Raubmöwen, Möwen und Seeschwalben

Spatelraubmöwe	*(Stercorarius pomarinus)*	nur einmal gelang es, mit der Spatelraubmöwe eine Raubmöwenart sicher zu bestimmen; R. MÄRZ fing Anfang Oktober 1937 einen Jungvogel bei Heidenau; weitere Nachweise einzelner unbestimmter Raubmöwen von 1980, 1981, 1991 und 1993, vor allem von der Elbe
Schwarzkopfmöwe	*(Larus melanocephalus)*	nur ein Nachweis vom November 1994 bei Pirna
Zwergmöwe	*(Larus minutus)*	in größeren Abständen an der Elbe und an der Pratzschwitzer Kiesgrube festgestellt, so im Dezember 1963, November 1970, August und September 1971, August 1972, September 1977, Dezember 1981, August 1982, Juni 1983, Mai 1984, Ende April 1999 und August 2000
Weißkopfmöwe	*(Larus cachinnans)*	einzelne Exemplare erschienen unter den Heringsmöwen; die Weißkopfmöwe wird erst seit einigen Jahren als eigene Art angesehen
Heringsmöwe	*(Larus fuscus)*	Beobachtungen von bis zu drei Vögeln im Mai 1983, Oktober 1984, Juni 1985, April 1986 sowie Oktober und November 1993 an der Elbe und auf der Kiesgrube Pratzschwitz
Dreizehenmöwe	*(Rissa tridactyla)*	durch Todfund im Februar 1981 bei Copitz erstmals nachgewiesen; Ende Januar 1993 gelang der zweite Nachweis ebenfalls durch den Fund eines toten Altvogels, wiederum bei Copitz; im Januar 1994 konnte eine Dreizehenmöwe unter Lachmöwen bei Pirna beobachtet werden
Raubseeschwalbe	*(Sterna caspia)*	jeweils im September 1985 und 1988 sowie im April 1996 und im September 1998 an der Kiesgrube Pratzschwitz beobachtet
Zwergseeschwalbe	*(Sterna albifrons)*	lediglich zwei Nachweise: auf dem Durchzug im September 1963 kamen neun Zwergseeschwalben zur Beobachtung; Anfang August 1980 wurde an der Kiesgrube ein Vogel festgestellt
Trauerseeschwalbe	*(Chlidonias niger)*	unregelmäßiger Durchzügler an der Elbe, vor allem an der Kiesgrube Pratzschwitz; meist nur einzelne Vögel, im September 1985 aber gleichzeitig 18; Schwerpunkte des Durchzuges im Mai und Anfang September
Weißflügelseeschwalbe	*(Chlidonias leucopterus)*	während eines großen Einfluges nach Deutschland im Frühjahr 1999 erstmals bestätigt

Rackenvögel

Bienenfresser	*(Merops apiaster)*	seltener Gast; sein nächstes, zusammenhängendes Brutvorkommen liegt vor allem in Ungarn; bei Heidenau erfolgten Bruten in den Jahren 1991 und 1992; wohl in diesem Zusammenhang steht auch die Beobachtung eines Bienenfressers im Juli 1991 am Birkwitzer Graben
Blauracke	*(Coracias garrulus)*	nur zwei Nachweise: im Mai 1964 bei Sebnitz und Mitte Juni 1996 im Eulengrund bei Pirna
Wiedehopf	*(Upupa epops)*	nach MÄRZ (1957) in den Jahren 1947 und 1948 Brutvogel bei Jessen und 1950 bei Graupa; mehrfache Beobachtungen 1954 bei Rathewalde und Lichtenhain erbrachten keinen Brutnachweis; heute gelegentlicher Durchzügler

Singvögel

Ohrenlerche	*(Eremophila alpestris)*	Bewohner Skandinaviens; Beobachtungen im Dezember 1969 an der Elbe bei Copitz, im Januar und Februar 1979 bei Pratzschwitz, im Februar 1985 auf der Hohen Straße südlich von Sebnitz und im Januar 1987 ein gewaltiger Flug von etwa 150 Vögeln bei Doberzeit
Brachpieper	*(Anthus campestris)*	kein Brutvogel; als einstiger Brutplatz war zu FÖRSTER'S Zeiten Copitz bekannt; recht selten auf dem Durchzug und dann vor allem auf Ackerflächen und anderen Stellen mit sehr spärlicher Vegetation; zwischen 1967 und 2002 knapp 20 Beobachtungen, vor allem im Bereich des Höhenrückens der Hohen Straße und um Pirna-Copitz, aber auch bei Hinterhermsdorf, Rathe-

		walde, Papstdorf und südlich von Pirna, doch wird die unscheinbare Art sicher oft übersehen
Rotkehlpieper	(*Anthus cervinus*)	nordische Art; nur drei Durchzugsdaten am Rande der Sächsischen Schweiz; erstmals im Oktober 1934 bei Birkwitz festgestellt, dann im Okt. 1968 bei Pratzschwitz und im Mai 1975 bei Copitz
Wasserpieper	(*Anthus spinoletta*)	Beobachtungen nennt nur MÄRZ (1957): einzelne Tiere im Februar und Dezember 1951 am Ufer der Elbe; die Art wird heute in zwei Arten, den Strandpieper (*Anthus petrosus*) und den Bergpieper (*Anthus spinoletta*) unterschieden; man kann daher wohl annehmen, daß die von MÄRZ beobachteten Vögel der nordischen Art zuzuordnen sind
Schilfrohrsänger	(*Acrocephalus schoenobaenus*)	in Sachsen selten brütend; berührt unser Gebiet nur als sehr seltener Durchzügler; neben zwei Beobachtungen bei Pirna in den Jahren 1970 und 1972 erneute vier Nachweise von dort vom Herbstzug in den Jahren 1995 und 1997; recht außergewöhnliche Beobachtung eines Schilfrohrsängers in dichtem Buschwerk im April 1973 bei Hertigswalde, doch wurde die Art aus recht geringer Entfernung zweifelsfrei erkannt
Blaukehlchen	(*Cyanosylvia svecica*)	brütete noch vor 100 Jahren im Weidicht der Elbe bei Schmilka; aus neuerer Zeit nur fünf Nachweise, jeweils im April, und alle vor 1972, am Birkwitzer Graben und an der Elbe; diese Beobachtungen betreffen alle das weißsternige Blaukehlchen; das rotsternige Blaukehlchen wurde nur einmal, im April 1970, am Birkwitzer Graben beobachtet
Steinschmätzer	(*Oenanthe oenanthe*)	brütete einst im Pirnaer Raum; heute nur im Bereich der Kiesgruben regelmäßiger, aber seltener und vielleicht auch nicht in jedem Jahr anzutreffender Brutvogel; 1978 wurden drei Jungvögel in der Tongrube bei Raum und 1979 ein Paar an einem Lesesteinhaufen bei Schöna bestätigt; auf dem Durchzug auf den noch kahlen Feldern immer wieder Steinschmätzer, vor allem im Frühjahr; bei Beobachtungen im Mai und Juni manchmal an geeigneten Orten Brutverdacht
Ringdrossel	(*Turdus torquatus*)	am Fichtelberg im Erzgebirge brüten seit einigen Jahren wenige Paare der Art; berührt unser Gebiet auf dem Durchzug; Beobachtungen Anfang Mai 1954 bei Papstdorf, Anfang April 1970 bei Pratzschwitz, im Oktober 1981 bei Cotta, Anfang Oktober 1984 bei Sebnitz, Ende April 1993 bei Hinterhermsdorf und Mitte April 2000 bei Lichtenhain
Teichrohrsänger	(*Acrocephalus scirpaceus*)	Vorkommen ausschließlich schilfumstandene Teiche bei Pirna; mit etwa fünf Paaren regelmäßiger Brutvogel dieses Gebietes
Drosselrohrsänger	(*Acrocephalus arundinaceus*)	Vorkommen ausschließlich schilfumstandene Teiche bei Pirna; in manchen Jahren Brutverdacht, aber erst im Jahre 2000 Nachweis erfolgreichen Brütens
Sperbergrasmücke	(*Sylvia nisoria*)	um 1880 brütend auf dem Großen Winterberg; damals war die Bergkuppe abgeholzt (!) und es enwickelten sich rasch Strauchfluren, vor allem von Him- und Brombeeren; 1972 und 1979 brütend im Elbtal um Pirna-Copitz; 1995 Brutverdacht im Eulengrund südwestlich von Pirna; regelmäßige Brutvorkommen derzeit nördlicher in der Oberlausitz und südlich des Elbsandsteingebirges zwischen Děčín/Tetschen und Česká Kamenice/Böhmisch Kamnitz
Mauerläufer	(*Tichodroma muraria*)	echter Hochgebirgsvogel; nach HEYDER (1952) in der 2. Hälfte des 18. Jh. regelmäßiger Wintergast, oft paarweise, in den Steinbrüchen des Elbtales; 1890 wurde ein Paar bis in den Sommer in den Postelwitzer Steinbrüchen beobachtet und Brut in den Schrammsteinen vermutet; von 1834 bis 1900 erlegte man elf Mauerläufer; Feststellung März 1901; Nov. 1936 Beobachtung beim Tümpelgrund; 3 mal 1961: im Februar beim Griesgrund, Ende März an der Bastei, Anfang Dez. in den Weißen Brüchen; Januar 1970 in den Weißen Brüchen; Februar 1980 an der Großen Gans; sichere Beobachtung durch U. AUGST Februar 1984 am Neuen Wildenstein
Rotkopfwürger	(*Lanius senator*)	im Mai 1970 ein Vogel bei Oberposta
Kiefernkreuzschnabel	(*Loxia pytyopsittacus*)	sehr seltener Gast; November 1963 ein Männchen Affensteine, März 1968 zwei Männchen Rabensteiner Wald, Februar 1972 mindestens zwei Vögel am Steinberg bei Hinterhermsdorf
Bindenkreuzschnabel	(*Loxia leucoptera*)	einmalige Beobachtung eines immaturen Vogels am 20.7.1963 südlich Ottendorf
Schneeammer	(*Plectrophenax nivalis*)	Wintergast und Durchzügler aus dem hohen Norden; Anfang Februar 1963 drei bei Pratzschwitz, Anfang März 1970 fünf bei Copitz, Anfang Januar 1975 eine Pirna-Sonnenstein, Mitte Februar 1975 eine bei Ottendorf und Mitte März 1980 eine bei Pirna-Copitz

Literaturverzeichnis

Allgemein

FÖRSTER, H. (1938): „Aus der Tierwelt der Sächsisch-Böhmischen Schweiz“ – Beiträge zu einem Heimatbuch der Sächsischen Schweiz, 11 – Dresden

GÖTZINGER, W. L. (1804): „Schandau und seine Umgebungen oder Beschreibung der sogenannten Sächsischen Schweiz“ – Bautzen: G. G. Monse

HYHLÍK, F. (1903): „Zur Forstgeschichte der Fürst-Kinskyschen Herrschaft Böhmisch Kamnitz“ – Wien

MÄRZ, R. (1957): „Das Tierleben des Elbsandsteingebirges“ – Wittenberg-Lutherstadt

MICHEL, J. (1929): „Tiere der Heimat - I. Teil Die Wirbeltiere als Bewohner und Gäste im Heimatgau“ – Tetschen

RIEBE, H., H. HÄRTEL, P. BENDA & P. BAUER (1999): „Die Naturausstattung der Sächsisch-Böhmischen Schweiz“ – Nationalpark Sächsische Schweiz 3, 20-57

STIEHLER, W. (1911): „Die heimische Tierwelt mit besonderer Berücksichtigung charakteristischer und seltener Arten“ – Vortrag der naturwissenschaftlichen Sektion der Zweigkonferenz Sebnitz, gehalten am 31.5.1911

ZIMMERMANN, R. (1931): „Die Wirbeltierwelt der Sächsischen Schweiz“ – Mitt. Landesverein Sächs. Heimatschutz XX, 53-70

Säugetiere

ANSORGE, H. (1990): „Daten zur Fortpflanzungsbiologie und Reproduktionsstrategie des Rotfuchses, *Vulpes vulpes*, in der Oberlausitz“ – Säugetierkundliche Informationen 14, 185-199

ANSORGE, H., GRUNWALD, J. & D. JESCHKE (2002): „Altersstruktur und Reproduktion des Rotwildes (*Cervus elaphus*) in der Sächsischen Schweiz“ – Beitr. Jagd- u. Wildforschung 24, 133-138

BARTÁ, Z. (1988): „Reste eines Braunbärenskeletts in der Wildschützenhöhle (LSG Labské pískovce) gefunden (Mammalia, Carnivora, Ursidae)“ – Faun. Abhandlungen Museum für Tierkunde Dresden 15, 200

BRIEDERMANN, L. & V. ŠTILL (1987): „Die Gemse des Elbsandsteingebietes“ – NBB 493, 2. Aufl., Wittenberg-Lutherstadt

GRAF, D. (1989): „Zur Einbürgerung von Muffelwild in der rechtselbischen Sächsischen Schweiz und ihrer Lausitzer Ausläufer“ – Beiträge Heimatgeschichte Sebnitz 6, 8-11

GRAF, D. (1990): „Über gesicherte Marderhund-Vorkommensnachweise in der rechtselbischen Sächsischen Schweiz und ihren westlichen Ausläufern“ – Veröffentlichungen des Museums der Westlausitz 14, 83-84

GRAF, D. (1991): „Zum Vorkommen von Baummarder und Iltis in der rechtselbischen Sächsischen Schweiz und ihren westlichen Ausläufern (Auswertung der Jagdstrecken in den Jahren 1979-1990)“ – Veröffentlichungen des Museums der Westlausitz 15, 35-38

GRAF, D. (1994): „Über das erloschene Feldhamster-Vorkommen in der rechtselbischen Sächsischen Schweiz und ihren westlausitzer Ausläufern“ – Veröffentlichungen des Museums der Westlausitz 17, 53-59

GRAF, D. (1995): „Zum einstigen Vorkommen des Wildkaninchens in der rechtselbischen Sächsischen Schweiz und ihren lausitzisch-dresdnerischen Randlagen“ – Veröffentlichungen des Museums der Westlausitz 18, 81-85

HERTEL, R. (1971): „Ein Marderhund, *Nyctereutes procynoides* (GRAY), in der Sächsischen Schweiz“ – Abhandlungen und Berichte aus dem staatlichen Museum für Tierkunde in Dresden. Zoologische Abhandlungen und Berichte 30, 223-225

HERTWECK, K. (1996): „Untersuchungen zur Nahrungsökologie und Raumnutzung des Fischotters, *Lutra lutra* (L. 1758), im Nationalpark Sächsische Schweiz“ – Dipl.-Arbeit (unveröffentlicht)

RIEBE, H. (1994): „Der Fischotter *Lutra lutra* L. 1758 in der Sächsischen Schweiz“ – Nationalpark Sächsische Schweiz 2, 63-71

RIEBE, H. (1994): „Zum Status des Luchses, *Felix (Lynx) lynx* L. im Elbsandsteingebirge – die Luchsnachweise der letzten sechzig Jahre“ – Nationalpark Sächsische Schweiz 2, 72-88

RIEBE, H. (1994): „Die Gemse“ (Manuskript) – Stubbe, M. (Hrsg.): Handbuch der Säugetiere Ostdeutschlands, 1-15

RIEBE, H. (1995): „Die derzeitige Kenntnis zur Verbreitung und Biologie der Schläfer (*Gliridae*) in der Sächsischen Schweiz“ – Sächsische-Schweiz-Initiative Heft 10, 28-31

RIEBE, H. (1998): „Gegenwärtige Verbreitung und Schutz des Fischotters *Lutra lutra* (L.,1758) in der Sächsischen Schweiz" – Beiträge zur Jagd- und Wildforschung, Bd. 23, 239-244

STUBBE, M. (1977): „Der Fischotter *Lutra lutra* (L.1758) in den Südbezirken der DDR" - Abh. u. Ber. Naturkundemuseum Görlitz 51. Jg. 5, 1-19

WILHELM, M., U. LOESER & U. ZÖPHEL (1994): „Fledermäuse in der Sächsischen Schweiz" – Nationalpark Sächsische Schweiz 2, 48-61

ZIMMERMANN, R. (1934): „Die Säugetiere Sachsens" - Festschrift der Naturwissenschaftlichen Gesellschaft ISIS Dresden, 50-99

Vögel

AUGST, U. (1985): „Vom Mauerläufer, *Tichodroma muraria,* im Elbsandsteingebirge" – Beitr.Vogelkd. 31, 235

AUGST, U. (1988): „Dir Brutvogelfauna des NSG Großer Winterberg und Zschand" – Naturschutzarbeit in Sachsen 30, 33-40

AUGST, U. (1989): „Aus der Vogelwelt des Elbsandsteingebirges – Veränderungen und Tendenzen seit den Untersuchungen von Robert MÄRZ" – Beitr. Heimatgesch. Sebnitz 6, 19-27

AUGST, U. (1990): „Der Sperlingskauz, *Glaucidium passerinum,* im Elbsandsteingebiet - die alten Nachweise in kritischem Licht" – Beitr.Vogelkd. 36, 208-211

AUGST, U. (1994): „Der Sperlingskauz (*Glaucidium passerinum*) im Nationalpark Sächsische Schweiz" – Mitt. Ver. Sächs. Orn. 7, 285-297

AUGST, U. (1995): „Der Halsbandschnäpper (*Ficedula albicollis*) in der Sächsischen Schweiz" – Faun. Abh. Mus. Tierkd. Dresden 20, 145-151

AUGST, U. (1997): „Der Würgfalke (*Falco cherrug*) – ein neuer Brutvogel Sachsens" – Mitt. Ver. Sächs. Orn. 8, 111-113

AUGST, U. & G. MANKA (1997): „Vorkommen, Verbreitung und Bestandsentwicklung von Steinkauz (*Athene noctua*), Sperlingskauz (*Glaucidium passerinum*) und Rauhfußkauz (*Aegolius funereus*) in der Sächsischen Schweiz" – Naturschutzreport 13, 122-131

AUGST, U. (1998): „Der Wanderfalke (*Falco peregrinus*) im Elbsandsteingebirge" – Bericht über ein Artenschutzprojekt in Sachsen. – Greifvögel u. Falknerei 1996, S. 75-88

AUGST, U. (1998): „Der Wanderfalke in Sachsen" – in D. ROCKENBAUCH: Der Wanderfalke in Deutschland und Umgebung. Bd.1, 219-231

AUGST, U. (1998): „Die Ansiedlung des Würgfalken *Falco cherrug* als Brutvogel in Deutschland" – Limicola 12, 297-313

AUGST, U. (1998): „Zum Vorkommen des Tannenhähers (*Nucifraga caryocatactes*) im Elbsandsteingebirge" – Actitis 33, 4-11

AUGST, U. (1999): „Der Grünlaubsänger (*Phylloscopus trochiloides*) – Brutvogel in Sachsen" – Mitt. Ver. Sächs. Orn. 8, 387-392

AUGST, U. (2000): „Der Rauhfußkauz (*Aegolius funereus*) im Nationalpark Sächsische Schweiz" – Mitt. Ver. Sächs. Orn. 8, 465-474

AUGST, U. (2001): „Die ersten erfolgreichen Bruten des Würgfalken *Falco cherrug* in Deutschland" – Limicola 15, 137-146

AUGST, U. (2002): „Hybriden des Wanderfalken *Falco peregrinus x Falco spp.* als Brutvögel in Deutschland und ihre Bestimmung im Freiland" – Limicola 16, 57-69

AUGST, U. (2003): „Der Turmfalke (*Falco tinnunculus*) im Elbsandsteingebirge" – Actitis 35,

CREUTZ, G. (1935): „Die Felsbrüter des Elbsandsteingebirges" – Beitr. z. Fortpflanzungsbiol. Vögel 11, 197-209

EBERT, J. & H. KNOBLOCH (1972): „Der Uhu in Sachsen" – Naturschutzarb. naturkundl. Heimatforsch. Sachsen 14, 4-22

HEYDER, R.(1952): „Die Vögel des Landes Sachsen" – Leipzig

KLAUS, S. & U. AUGST (1994): „Das Aussterben des Auerhuhns *Tetrao urogallus L.* im Elbsandsteingebirge – Versuch einer Analyse" – Nationalpark Sächsische Schweiz, 19-46

KLEINSTÄUBER, K. (1930): „Die Wanderfalkenhorste in der Sächsischen Schweiz 1929/30" – Mitt. Ver. sächs. Orn. III, 81-87

LOHWASSER, K. (1929): „Vom Uhu in der böhmischen Schweiz" – Naturschutz in Sachsen, 135-141

LOHWASSER, K. (1936): „Der Uhu im Elbsandsteingebirge" – Mitt. Landesverein Sächs. Heimatschutz XXV, 241-247

MÄRZ, R. (1934): „Der Uhu, *Bubo bubo L,* wieder Brutvogel im Gebiet der Sächsischen Schweiz" – Mitt. Ver. Sächs. Orn. 4, 174-186

MÄRZ, R. (1940): „Querschnitte durch eine mehrjährige Nahrungskontrolle einiger Uhupaare" – Beitr. Fortpflanzungsbiol. Vögel 16, 125-135, 166-173, 213-222

MÄRZ, R. (1952): „Vom Uhu in Sachsen und im angrenzenden Raum der Tschechoslowakei" – Beitr. Vogelkd. 2, 109-136

PETERSON, R., MOUNTFORT, G. & HOLLOM, P. A. D. (2002): „Die Vögel Europas" – Hamburg - Berlin

STEFFENS, R., D. SAEMANN & K. GRÖSSLER (Hrsg.) (1998): „Die Vogelwelt Sachsens" – Jena, Stuttgart, Lübeck, Ulm
STEFFENS, R. & R. KRETZSCHMAR, S. RAU (1998): „Atlas der Brutvögel Sachsens" – Dresden
STURM, A. (1986): „Der Zwergschnäpper *Ficedula parva* in der Sächsischen Schweiz" – Beitr. Vogelkd. 32, 1-12
STURM, A. (1994): „Der Schwarzstorch in der Sächsischen Schweiz und in den angrenzenden Landschaften" – Nationalpark Sächsische Schweiz, 5-17
SVENSSON, L., P. J. GRANT, K. MULLARNEY & D. ZETTERSTRÖM (1999): „Der neue Kosmos-Vogelführer" – Stuttgart
VOIGT, A. (1961): „Exkursionsbuch zum Studium der Vogelstimmen" – Heidelberg
ZIMMERMANN, R. (1924): „Der Wanderfalke in Sachsen" – Mitt. Ver. sächs. Orn. I, 103-119

Lurche und Kriechtiere

SCHIEMENZ, H. (1980): „Die Herpetofauna der Bezirke Leipzig, Dresden und Karl-Marx-Stadt" - Faunistische Abhandlungen – Staatliches Museum für Tierkunde in Dresden 7, Nr. 22, 191-211
SCHIEMENZ, H. & R. GÜNTHER (1994): „Verbreitungsatlas der Amphibien und Reptilien Ostdeutschlands" – Rangsdorf
SCHREITMÜLLER, W. (1910): „Die in der Dresdener Umgebung vorkommenden Kriechtiere und Lurche. VI. Krötenfrösche (*Discoglossidae*)" – Wochenschrift Aquarienkunde 7, Beilage Lacerta, 46
THIESMEIER, B. & W. VÖLKL (2002): „Zur Verbreitung und Ökologie schwarzer Kreuzottern – ein Überblick" – Zeitschrift für Feldherpetologie 9, 127-142

Fische

FÜLLNER, G. & M. PFEIFFER, A. ZARSKE (1996): „Die Fischfauna von Sachsen" – Sächsische Landesanstalt für Landwirtschaft Dresden / Königswartha und Staatliches Museum für Tierkunde Dresden – Selbstverlag
SÄCHSISCHE LANDESANSTALT FÜR LANDWIRTSCHAFT (2000): „Der Elblachs ist zurück – Der Beginn einer Wiedereinbürgerung" - Selbstverlag

Verzeichnis der Verbreitungskarten

Verbreitungskarten Säugetiere

Verbreitungskarten Vögel

Verbreitungskarten Lurche und Kriechtiere

Verzeichnis der Fotografien

Seite 70 oben links	Wanderfalken-Gelege	Ulrich August
Seite 70 oben rechts	Junge Wanderfalken	Ulrich August
Seite 71	Fast flügge Würgfalken	Ulrich August
Seite 72 + Rücktitel	Würgfalkenmännchen	Ulrich August
Seite 73	Haselhuhn	Dr. Siegfried Klaus
Seite 74 oben	Balzender Birkhahn	Dr. Siegfried Klaus
Seite 74 unten	Auerhahn	Herbert Kühne
Seite 75 oben	Rebhühner	Peter Reuße
Seite 75 unten	Rebhuhn-Freilassung	Ulrich August
Seite 77	Bleßrallen an der Elbe	Ulrich August
Seite 78	Flußuferläufer	Wolf-Dieter Grünelt
Seite 79 oben	Lachmöwe	Ulrich August
Seite 79 unten	Silbermöwe	Ulrich August
Seite 80	Hohltaube	Friedheim Richter
Seite 81 oben	Türkentaubenpaar	Ulrich August
Seite 81 unten	Kuckuck	Götz Manka
Seite 82 oben	Schleiereule	Gernot Engler
Seite 82 unten	Aushorstung	Archiv Graf
Seite 83	Uhuweibchen	H. Riebe/U. August
Seite 84	Junger Uhu	Ulrich August
Seite 85 oben	Sperlingskauz	Klaus August
Seite 85 unten	Junger Sperlingskauz	Ulrich August
Seite 86	Steinkauz	Dr. Siegfried Schönn
Seite 87 oben	Waldkauz	Ulrich August
Seite 87 unten	Waldkauzpaar am Fels	Ulrich August
Seite 88 oben	Junge Waldohreule	Ulrich August
Seite 88 unten	Junge Rauhfußkäuze	Gerhard Gründel
Seite 89	Rauhfußkauz	Gerhard Gründel
Seite 91	Eisvogel	Dr. Arndt Asperger
Seite 92	Specht-Hackspuren	Ulrich August
Seite 93 oben	Schwarzspecht	Ulrich August
Seite 93 unten	Kernfaule Fichte	Ulrich August
Seite 94	Buntspecht	Dr. Arndt Asperger
Seite 95	Heidelerche am Nest	Friedheim Richter
Seite 96 oben	Feldlerche	Friedheim Richter
Seite 96 unten	Uferschwalben	Friedheim Richter
Seite 97 oben	Rauchschwalben	Peter Reuße
Seite 97 unten	Mehlschwalben	Friedheim Richter
Seite 98	Gebirgsstelze	Ulrich August
Seite 99 oben	Bachstelze	Friedheim Richter
Seite 99 unten	Seidenschwanz	Peter Reuße
Seite 100	Wasseramsel im Winter	Ulrich August
Seite 101 links	Zaunkönig	Friedheim Richter
Seite 101 Mitte	Heckenbraunelle	Ulrich August
Seite 101 rechts	Rotkehlchen	Friedheim Richter
Seite 102	Zwergfliegenschnäpper	Ulrich August
Seite 103 links	Gartenrotschwanz	Friedheim Richter
Seite 103 Mitte	Braunkehlchen	Friedheim Richter
Seite 103 rechts	Schwarzkehlchen	Wolf-Dieter Grünelt
Seite 104	Singdrossel	Friedheim Richter
Seite 106 li.+Rücktitel	Junge Zaungrasmücken	Ulrich August
Seite 106 rechts	Zaungrasmücke	Ulrich August
Seite 109 oben links	Schwanzmeise	Wolf-Dieter Grünelt
Seite 109 oben Mitte	Beutelmeise	Wolf-Dieter Grünelt
Seite 109 oben rechts	Blaumeise	Dr. Arndt Asperger
Seite 109 unten links	Tannenmeise	Ulrich August
Seite 109 unten Mitte	Weidenmeise	Friedheim Richter
Seite 109 unten rechts	Kleiber	Dr. Arndt Asperger
Seite 110	Gartenbaumläufer	Wolf-Dieter Grünelt
Seite 111	Neuntöter am Nest	Friedheim Richter
Seite 112	Tannenhäher am Nest	Gerhard Gründel
Seite 113	Dohlen im Fels	Ulrich August
Seite 114 oben	Flügger Kolkrabe	Ulrich August
Seite 114 unten	Kolkrabennest	Ulrich August
Seite 115	Buchfink am Nest	Friedheim Richter
Seite 116 links	Bergfink	Ulrich August
Seite 116 Mitte	Stieglitz	Wolf-Dieter Grünelt
Seite 116 rechts	Erlenzeisig	Ulrich August
Seite 119 links	Kernbeißer	Ulrich August
Seite 119 rechts	Goldammer am Nest	Friedheim Richter

Fotografien Fische, Lurche und Kriechtiere

Seite 121 oben links	Erdkröten	Dr. Arndt Asperger
Seite 121 oben rechts	Kreuzotter	Uwe Prokoph
Seite 121 unten links	Bachforelle	Holm Riebe
Seite 121 unten rechts	Moorfrosch	Dr. Arndt Asperger
Seite 123	Feuersalamander	Holm Riebe
Seite 124 oben	Feuersalamander	Holm Riebe
Seite 124 unten	Lebensraum Feuersalam.	Holm Riebe
Seite 125	Bergmolch	Holm Riebe
Seite 126	Porträt einer Erdkröte	Holm Riebe
Seite 127	Laubfrosch	Holm Riebe
Seite 128 oben	Grasfrosch	Dr. Arndt Asperger
Seite 128 unten	Teichfrosch	Dr. Arndt Asperger
Seite 129	Blindschleiche	Dr. Arndt Asperger
Seite 130	Zauneidechse	Holm Riebe
Seite 131 oben	Waldeidechse	Uwe Prokoph
Seite 131 unten	Glattnatter	Uwe Prokoph
Seite 132	Ringelnatter	Uwe Prokoph
Seite 133	Typische Kreuzotter	Holm Riebe
Seite 134	Einfarbige Kreuzotter	Holm Riebe
Seite 136	Atlantischer Lachs	Zdeněk Patzelt
Seite 137	Bachforelle	Holm Riebe
Seite 138 oben	Groppe	Holm Riebe
Seite 138 unten	Chin. Wollhandkrabbe	Holm Riebe

Register der deutschen Tiernamen

Register der wissenschaftlichen Tiernamen

C

D

E

F

G

H

I

J

L

M